复杂大气对自由空间光通信影响及改善方法的研究

吴　琰◎著

安徽师范大学出版社
ANHUI NORMAL UNIVERSITY PRESS
·芜湖·

图书在版编目(CIP)数据

复杂大气对自由空间光通信影响及改善方法的研究 / 吴琰著.—芜湖:安徽师范大学出版社,2022.4

ISBN 978-7-5676-5493-8

Ⅰ.①复… Ⅱ.①吴… Ⅲ.①大气环境—影响—空间光通信—研究 Ⅳ.①X16②TN929.1

中国版本图书馆CIP数据核字(2022)第099693号

复杂大气对自由空间光通信影响及改善方法的研究

吴 琰◎著

责任编辑:李 玲 李子旻　　责任校对:吴毛顺

装帧设计:张德宝 姚 远　　责任印制:桑国磊

出版发行:安徽师范大学出版社

芜湖市北京东路1号安徽师范大学赭山校区　邮政编码:241000

网　　址:http://www.ahnupress.com/

发 行 部:0553-3883578　5910327　5910310(传真)

印　　刷:江苏凤凰数码印务有限公司

版　　次:2022年4月第1版

印　　次:2022年4月第1次印刷

规　　格:700 mm × 1 000 mm　1/16

印　　张:10

字　　数:129千字

书　　号:ISBN 978-7-5676-5493-8

定　　价:58.00元

前　言

自由空间光（FSO）通信技术是一种以激光为载体，在视线无遮挡的大气或真空中进行数据传输的无线通信技术。FSO通信技术同时具备了微波通信与光纤通信的优点，比如容量大、建网快、无需授权、保密性好等，可用于电信“最后一公里”或局域网中楼宇间链路通信。

然而，FSO通信系统性能不仅受系统指向误差的影响，而且受复杂大气环境影响，如云、雾、雨、雪、气溶胶、湍流等。因此，研究复杂大气环境对FSO通信系统性能的影响机理及相应的改善方法具有重要的应用价值。

本书基于FSO通信系统的实际应用，展开复杂大气环境对FSO通信系统的影响机理及其改善方法的理论研究，并通过数值仿真的方法对系统性能进行对比分析。本书共九章，主要内容有：

第一、二章，介绍FSO通信技术的研究背景和基础知识。

第三章，分析空地激光通信信道中常见的大气环境（云、雾、湍流）、光束扩展、天空背景光、指向性误差对FSO通信系统性能的影响。

第四、五章，分析激光光束性能参数对通信系统的影响。第四章针对不同的湍流强度、不同能见度和不同抖动程度，分析不同的光束发散角对FSO通信系统性能的影响。第五章重点分析孔径平均效应对FSO通信系统性能的影响。

第六章，利用部分相干光系统建立联合信道模型，推导相应性能参数的数学表达式，对激光波长为1 550 nm且通信链路长度为1 km的部分相干光FSO通信系统性能进行仿真，并分析空间相干长度、发射机平面光斑尺寸、接收机孔径直径，以及视轴偏移等参数对FSO通信系统性能的影响。

第七、八章，对混合FSO/RF通信系统性能的提升进行分析。第七章针对不同的副载波调制方式、湍流强度、指向性误差和RF信道衰弱参数，对比分析混合FSO/RF通信系统和FSO通信系统的误码率和中断概率。第八章对比分析混合FSO/RF并行系统、混合FSO/RF双跳系统和FSO通信系统的误码率和中断概率，以及分析孔径平均效应对混合FSO/RF通信系统性能的影响。

第九章，总结与展望，总结本书内容和主要创新点，提出未来可进一步深入探究的方向。

本书的内容是作者攻读博士学位期间的成果，多位老师对本书提供了建设性的帮助。在攻读博士学位期间和本书的撰写过程中，作者参阅了大量的文献，在此向这些文献的作者致敬，感谢他们对本学科的发展做出的贡献。

本书的出版工作得到了安徽省教育厅2018年度高校科学研究重点项目（KJ2018A0464）的资助，在此表示感谢。

本书涉及的知识比较繁杂，限于作者的学识水平，书中难免存在不足之处，敬请广大读者批评指正。

吴　琰

2022年4月

目　　录

第一章 绪 论

一、研究背景与意义

自由空间光（Free Space Optical，FSO）通信技术是一种以激光为载体，在真空或大气中进行数据传输的无线通信技术，又称为“无线激光通信技术”“大气激光通信技术”等。FSO通信技术同时具备了微波通信和光纤通信的优点，比如容量大、建网快、无需授权、保密性好等，也可以应用于保密通信、城域网扩频、宽带网零公里接入、无线基站数据回传、局域网互联、应急通信等一系列领域[1]。

虽然FSO通信技术有如此多的优点，但是FSO通信系统受复杂大气环境因素的影响非常严重。由于受到大气中各种气体分子、气溶胶粒子的影响，激光光束的部分能量会被吸收并转化为热能或其他形式的能量，还有部分能量会被散射从而偏离原来的传输方向，最终使得激光光束的强度减弱。除此之外，大气湍流还会对近地激光通信链路产生影响，从而导致激光光束强度的起伏[2]。

提升激光大气通信系统性能的主要任务便是克服复杂大气环境因素的影响。因此，研究复杂大气对激光通信系统性能的影响机理及对应的改善方法，对通信链路余量估算、FSO通信系统方案、FSO通信系统的整体设计、通信网络的连接等方面有着重大的现实意义[3]。

二、复杂大气对激光大气传输影响的研究现状

（一）恶劣天气对激光大气传输影响的研究现状

虽然大气中的分子对激光的吸收作用导致了激光光束强度减弱，但是当激光波长选择在大气窗口时（已经用于FSO通信的激光波长有0.85 μm、1.06 μm、1.55 μm和10.6 μm，它们均处于大气窗口），通常可以忽略气体分子和气溶胶粒子对激光能量的吸收而只考虑对激光能量的散射效应。

激光在大气传输过程中，会受到大气分子和气溶胶粒子的影响而产生散射效应，使得激光光束偏离原来的传输方向，最终导致激光光束在传输方向上的光强分布发生变化且传输功率变小。在FSO通信系统应用中，所考虑的散射效应主要是指弹性散射（弹性散射会在散射光波长与入射光波长相同的情况下产生）。

激光的散射效应主要受散射粒子尺寸的影响，不同尺寸的粒子会引起不同的散射现象，其产生机理也各不相同。散射类型可以用无量纲的尺度参数X_r描述，它主要与粒子尺寸和入射激光波长有关，即

$$X_r = 2\pi r / \lambda \tag{1.1}$$

$$\text{且}\begin{cases} X_r < 0.1\text{时，称为瑞利散射} \\ X_r > 0.1\text{时，称为Mie散射} \\ X_r > 50\text{ 时，称为几何光学散射} \end{cases} \tag{1.2}$$

这里r为粒子半径，λ为入射激光波长。

根据尺度参数X_r可知，瑞利散射是当粒子的尺寸明显小于入射激光波长时发生的一种散射现象，而Mie散射则是当粒子的尺寸与入射激光波长相当时发生的一种散射现象。

在实际大气环境中，气体分子对入射激光的散射通常被当作瑞利散射来处理，而诸如受雾、雨、雪等天气影响而形成的气溶胶粒子对入射激光的散射，通常被看作Mie散射。大气分子和气溶胶粒子的散射系数都是随其距地面高度增加而减小，呈负指数规律变化，但具体变化是有所区别的。随着距地面高度的增加，气溶胶粒子浓度逐渐降低，因此在近地面和低空主要考虑气溶胶粒子对入射激光的散射影响，而在高空中，大气分子与气溶胶粒子对入射激光散射的影响可相比拟。

1.雾对激光大气传输的影响

1962年，Kruse首先根据大气透过率提出了雾对激光大气传输影响的衰减模型。然而，Kruse模型最开始是针对由小尺寸气溶胶粒子组成的雾颗粒提出的，而气溶胶粒子尺寸比可见光波段和红外波段的波长要小，因此由较大尺寸气溶胶粒子所构成的雾对光的衰减不能使用该模型。这也就导致了当能见度小于1 km时，Kruse模型并不一定有效。在此之后，Kim对Kruse模型的有效性进行研究，提出当能见度小于500 m时Kruse模型的修正模型。基于Mie散射理论的计算，2001年提出的Kim模型考虑到了在能见度小于500 m时雾对激光大气传输的衰减，且该模型与入射激光波长无关。Al Naboulsi等利用FASCOD编程工具对光信号衰减建模，该模型考虑了粒子尺寸分布和雾的类型[4, 5]。FASCOD软件利用了修正的Gamma分布函数对激光在雾环境中的衰减进行建模。当能见度在50 m ~ 1 km且入射激光波长在690 nm ~ 1 550 nm时，Al Naboulsi利用该编程工具推导雾对激光的衰减模型。Kruse模型、Kim模型和Al Naboulsi模型都是经典的雾对激光大气传输的衰减模型。

随后，研究人员为了提高复杂大气对激光传输衰减估计的准确性，进行了多方面的研究。2010年，Grabner等通过数值拟合的方法分别得到了指数模型和倒数模型[6]。当能见度在0 ~ 1 400 m且测试激光波长分别为830 nm和1 550 nm时，Nadeem于2010年利用Kim模型、Kruse模型、Al Naboulsi模型与实验结果进行了对比，结果表明这三种模型均不能很好地反映实际情况。于是，Nadeem等提出了一种新的与入射激光波长相关的衰减模型[7]。由于在实际环境中开展定量测试较为困难，2012年，Ijaz等搭建了一个可控的室内密封测试箱并且测试了入射激光波长为0.6 μm ~ 1.6 μm为的光束受到烟雾影响时的衰减情况[8]。Ijaz等通过分析在薄烟、浓烟、薄雾、浓雾、干洁空气中，当能见度小于500 m且入射激光波长为0.6 μm ~ 1.6 μm时光束的衰减情况，得出结论：在雾的环境下，光束衰减与波长几乎无关；在烟的环境下，衰减程度随着波长（近红外波段）的增加而减小[9]。2013年，Ijaz等对Kruse模型进行了修正，分别提出在雾和烟的环境下激光大气传输的衰减模型[10, 11]。在假设雾衰减与波长相关的前提下（能见度大于500 m），Esmail等于2016年用Matlab软件，对监测数据利用非线性最小二乘回归方法进行拟合，推导出一个指数率的衰减模型，这个模型能很好地反映雾对激光大气传输的衰减作用[12, 13]。

以上模型均建立在能见度的基础上，另一些研究人员则利用液态水含量（Liquid Water Content，LWC）来估计雾对激光的衰减作用。2009年，Grabner等通过对LWC和整体表面积的测量，利用粒子尺寸分布估计激光大气传输的衰减情况[14]。2010年，Muhammad等利用雾在形成阶段采集到的数据推导出LWC和能见度的关系，并总结了衰减系数与LWC之间的三种关系模型：Koester and Kosowsky模型、Eldridge模型、Claudio Tomasi模型，最后提出了相应的参数拟合模型[15]。Csurgai等通过调研文献发现：1996年，Vasseur等研究了630 nm和1 060 nm两个波长，得到了LWC与红外波段激光衰减的简单线性关系式；2006年，Bouchet等针对630 nm波长提出了衰减率为幂指数形式的表达式。于是，2011年，Csurgai等通过实际测量值对Bouchet模型中的参数重新进行了拟合，得到了更为准确的衰减模型[16]。

2.雨对激光大气传输的影响

2008年，Rahman等对降雨类型进行了分类，并且给出了降雨类型、雨滴尺寸与降雨率之间的关系，通过雨滴尺寸分布和降落速度计算降雨率，研究降雨率对激光传输衰减的微观物理特性[17]。2011年，Suriza等对已有的激光在降雨环境中的传输衰减模型进行了分析，得出结论：利用ITU-R推荐的France模型和Japan模型预测得到的衰减值都高于实际衰减值。此外，用粒子尺寸分布得出的模型的预测值都低于实际衰减值[18, 19]。2012年，Brazda等通过利用Marshall-Palmer分布模型对比降雨率分别在1 mm/h、10 mm/h、50 mm/h、90 mm/h情况下激光传输衰减与入射激光波长的关系，并发现当激光波长在550 nm ~ 1 550 nm范围内雨对激光的衰减与波长无关，而仅仅与降雨率有关。于是，Brazda等提出了一个简单的衰减与降雨率的指数关系式[20]。

2012年，Grabner等证明了Marshall–Palmer分布模型是Gamma分布模型的一种特殊形式，并根据实际数据拟合出了一个经验模型[21]。

上文所提到的France模型和Japan模型（基于测量数据拟合的数学模型）是专门针对低降雨率地区提出来的，而对于高降雨率的热带地区并不适用。并且，基于雨滴尺寸分布提出的Joss模型和Marshall–Palmer模型中，激光大气传输受雨的衰减估计值均低于实际测量值。因此，2014年，Al–Gailani等在实际测量值的基础上提出了一种新的幂指数形式的估计模型[22]。除此之外，2016年Korai等对雨滴尺寸分布与激光衰减的关系进行理论推导，得到了新的表达模型[23]。

3.雪对激光大气传输的影响

雪通常是由冰晶的集聚构成的。一般情况下，不同类型的雪花有着不同的形状，并且组成成分也各不相同。与光的波长相比，雪的尺寸很大，其消光截面接近光学极限。因此，对于微波波段的无线信号，雪的影响是有限的，并且比雨的影响要小；然而受降雪量和雪花的液态水含量影响，激光大气传输的衰减能够超过40 dB/km。Oguchi等的研究中广泛论述了微波的传播与散射，并总结了雪的大部分微观物理特性。1999年，Rasmussen等在文献中提供了雪的微观物理特性和能见度之间关系的理论基础[24]。

2008年，Nebuloni课题组根据粒子尺寸分布从理论上推导了雪对激光大气传输的衰减模型，分别利用降雪量和雪花的液态水含量的定义对该衰减模型进行简化，并通过实验证明这两个模型都能很好地拟合出雪对激光大气传输的衰减[25]。

4. 云对激光大气传输的影响

云对激光大气传输的衰减非常严重，甚至会导致FSO通信链路中断。由于云滴密度的不均匀和云类型的多样性，在实际环境中很难准确估计云对激光大气传输的衰减作用。

根据云层高度，云主要分为以下四类：

①高云：高云是由冰晶组成的冷体物质（高度5 km ~ 13 km），根据外形进一步分为卷云（Ci）、卷积云（Cc）和卷层云（Cs）；②中云：中云主要是由时而存在冰晶的水滴所组成（高度2 km ~ 7 km），可以分为高层云（As）和高积云（Ac）；③低云：低云是由水滴组成的，并且在温度足够低的情况下会有冰和雪的存在（地面以上至2 km处），进一步分为层云（St）、层积云（Sc）和雨层云（Ns）；④垂直展云：垂直展云是通过热对流或正面提升所产生的湍流结构，包括与晴天积云（Cb）有关的蓬松积云（Cu）和雷雨云（Tc）。

已有的经验模型都是利用能见度来预测雾对地球上FSO通信链路的衰减作用。但是这些模型并不适用于估计云对激光的衰减作用，因为它需要考虑空地链路中的斜程传输路径问题。

2009年，在云对激光大气传输的衰减与大气运动和折射率无关，且云滴均由悬浮在空中的球形粒子组成的前提条件下，Nadeem等利用修正的Gamma分布函数和Mie散射理论分析云滴的微观物理特性并获得云滴对激光大气传输衰减的估计模型，并分析了不同云层的光学衰减特性，得出结论：当入射激光波长小于10 μm时，在所有云层类型中，激光传输波长越长，衰减越明显；但当入射激光波长为10 μm时，在层云、层积云、高层云以及薄卷云中衰减均较小[26]。2009年，Awan等首先对基于海拔和高度角的ITU–R模型进行了仿真，再利用修正的Gamma分布函数和Mie散射理论推导了激光在云层中传输的消光系数并给出了七种云类型的微观物理参数，最后利用液态水含量和云滴浓度估计能见度，并由能见度与消光系数的经验模型，预测出云对激光大气传输的衰减[27]。2013年，Rammprasath等利用Awan等提出的利用液态水含量预测云对激光大气传输的衰减方法，进行了通信链路特性仿真，在名为“Milesovka”的高山气象天文台（海拔837 m）建立长度为60 m且工作波长为双波长的激光大气通信实验平台[28]。2014年，Brázda等利用该平台所测的实际数据与Kim能见度估计衰减模型进行了比对，发现在能见度超过70 m的情况下，Kim能见度估计衰减模型的预测结果与实际衰减相比偏低[29]。

（二）湍流对激光大气传输影响的研究现状

由于地表辐射、太阳辐射、大气流动等因素的影响，大气场的温度随机改变。而温度的随机变化形成时空温差，在动力风的作用下，温度的波动使大气折射率也产生随机变化，这种大气折射率的非均匀性称为湍流涡旋。受风速的影响，这些具有微小差异且处于运动状态的涡旋不断地产生和消失，并且各个涡旋在变化中相互叠加、交联，形成了随机的湍流运动，研究人员将这种现象称为大气湍流[30]。

为了直观理解湍流结构，Richardson给出如图1.1所示的湍流级联模型结构示意图[31]。根据Richardson级联模型，湍流的空气运动代表了一组不同尺度的湍涡，湍涡尺度的范围从大尺度（外尺度）L_0到小尺度（内尺度）l_0。能量来自大尺度湍涡的外界，并从大湍涡到小湍涡逐级传递，最终在最小尺度湍涡上完全耗散[31]。

按照尺度大小，湍涡可分为三个区域。大于外尺度的区域称为“输入区”，在该区域，大气的粘滞效应几乎不起作用，湍流运动的统计特性只与当地的地理和气象条件有关。在外尺度和内尺度之间的区域称为“惯性区”，在该区域，湍流运动的统计特性由能量耗散确定。小于内尺度的区域称为“耗散区”，在该区域，湍流运动的统计特性在很大程度上受大气的粘滞效应影响，能量最终在该区域内完全耗散，湍涡消失[32]。

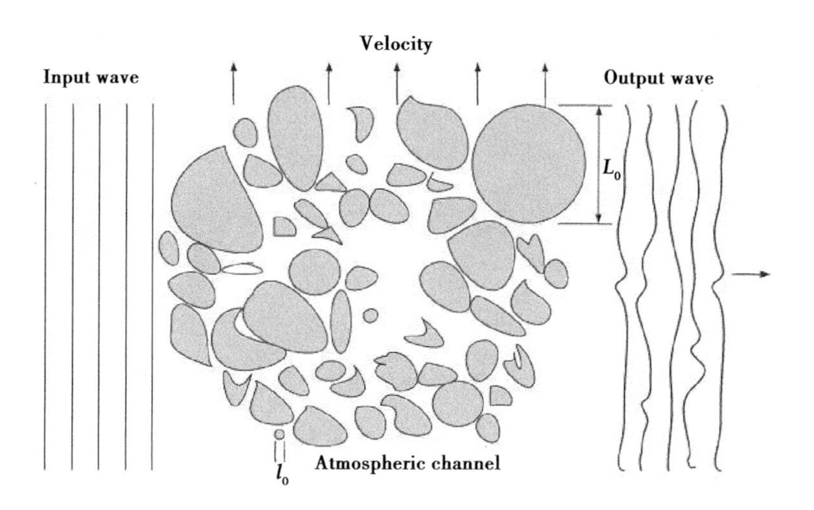

图 1.1　湍流级联模型结构示意

大气折射率的起伏波动导致大气光学湍流效应，它随时间、空间的变化而变化。由于大气折射率的分布是随时间、空间而随机变化的，很难用一个精确的模型进行描述。现代大气光学领域通常用统计理论的方法描述大气折射率。在惯性区中，折射率结构函数$D_n(r_1, r_2)$与折射率结构常数C_n^2成正比。折射率结构常数C_n^2是反映湍流强度的重要指标，它不仅随大气高度变化而变化，而且还受当地地理条件的影响，比如地形类型、地理位置、云层覆盖、工作时间等。根据在不同测试位置的经验数据，可得到许多不同的湍流廓线模型。一些常用的模型有：PAMELA模型、Gurvich模型、Hufnagel-Valley（HV）模型、HV-Night模型、Greenwood模型、SLC-Day模型、Van Zandt航空实验模型、AFRL无线电探空仪模型等[32]。其中Hufnagel-Valley模型能够适应高空风速和近地面水平湍流的变化，因此被广泛应用于陆地观测和工作时间为白天的大气环境中。

激光通过大气湍流时产生的散射和衍射效应，使探测器接收平面上的光照强度分布在空间和时间上随机变化，这种现象称为光强闪烁。由大气湍流导致的光强闪烁是FSO通信系统性能恶化的一个主要因素。

目前，FSO通信系统中常用的光强闪烁统计模型有：Lognormal分布模型[33]、Negative Exponential模型[34]、K分布模型[35-37]、RLN模型[38, 39]、I-K分布模型[40, 41]、Gamma-Gamma分布模型[42-45]、Málaga（M）分布模型[46]、双广义Gamma分布模型[47]、Exponentiated Weibull（EW）模型[48, 49]等。

在弱湍流情况下，Parry等利用Lognormal分布模型对光照强度的概率密度函数进行建模。在强湍流情况下，受长距离传输和多重散射的影响，光照强度的起伏达到饱和，这种饱和状态称为光斑弥散，在这种情况下光照强度的变化服从瑞利分布，即Negative Exponential模型。在强湍流情况下，K分布模型是现阶段一种被该研究领域广泛接受的模型。在FSO通信系统中，接收到的信号也可以看作两个独立随机过程（Rician分布小尺度湍流过程和对数正态分布大尺度湍流过程）的乘积，即RLN模型。Andrews等提出了修正的Rytov理论，将光场定义为大尺度和小尺度大气效应引起微扰函数，从而推导出Gamma-Gamma分布模型，该模型是FSO通信系统中常用的湍流模型。在均匀各向同性湍流情况下，当无界波前光波（平面波或球面波）在湍流介质中传播时，光学湍流可以被建模为Málaga分布模型，当光信道为云雾天气的湍流信道时，Gamma-Gamma分布模型则可以作为Málaga分布模型的一种特殊情况。Kashani等对光强闪烁模型提出了一种双广义Gamma分布模型。Ricardo Barrios等将Exponentiated Weibull模型应用于FSO通信系统中，用于描述系统接收到光强闪烁的统计特性。

目前，大部分大气湍流研究都是基于Kolmogorov的湍流模型进行的，然而在星地激光通信链路中，激光穿过的某些大气区域（例如对流层顶和平流层顶等）的湍流统计规律与Kolmogorov湍流统计规律不符。理论研究表明，在大气环境中除了Kolmogorov湍流以外还存在着其他形式的湍流——Non-Kolmogorov湍流。目前，Non-Kolmogorov湍流对激光大气传输影响的研究是星地激光通信研究的主要方向[50-53]。

三、复杂大气对FSO通信系统的主要影响

FSO通信系统具有诸多优点，但是也受到诸多因素的影响，其中最主要的因素就是复杂的大气环境。激光在大气信道传输过程中，主要受到大气衰减、大气湍流、大气导致的脉冲展宽等因素的影响，进而严重影响了FSO通信系统的稳定性和可靠性。

（一）大气衰减的影响

大气衰减主要是由气体分子和气溶胶粒子对激光的吸收和散

射等影响，使得激光在传播方向上的光照强度衰减严重[54]。

大气分子对入射激光能量的吸收具有非常明显的波长选择性，而大气散射对接收信号光功率造成的衰减随入射激光波长的增加而减小。因此，在系统设计之初应尽可能地选用波长较长的光源，例如波长为1 550 nm的入射光源在FSO通信系统中较为常见。

（二）大气湍流的影响

大气时刻处于流动状态，由时空、温差和动力风的共同作用形成气流湍流，因此在同一信道中不同空间位置的湍流并不一样，以至于大气折射率随机产生变化。这种变化会造成光信号的光强起伏、相位起伏以及光束扩展与漂移[55]。

（三）大气导致的脉冲展宽的影响

大气导致入射激光在传输过程中发生脉冲展宽的影响，主要是由传输距离、激光波长以及大气散射所导致的[56]。脉冲展宽的程度主要是由传输距离与入射激光波长决定。激光在大气中的传输速率越高，脉冲展宽导致符号间干扰（Inter Symbol Interference，ISI）越严重，进而使得误码率（Bit Error Rate，BER）急剧增加。

四、FSO通信系统的主要改善方法

目前，针对FSO通信系统性能的影响因素，研究人员提出了各种各样的解决方案。

（一）ATP技术

捕获、跟踪、瞄准（Acquisition，Tracking and Pointing，ATP）技术，采用自动跟踪系统及时调整发射装置的相对位置，以保证发射机和接收机之间始终保持最佳准直状态，它可以有效解决FSO通信系统中漂移、摇摆、振动等带来的负面影响[57，58]。

（二）湍流抑制技术

1.孔径平均效应

孔径平均（Aperture Averaging，AA）效应是指随着接收机孔径直径增大，光照强度起伏方差逐渐减小，进而趋于一个稳定值。大孔径接收可以有效抑制光强起伏的影响，但同时会增加接收机的尺寸和重量[59，60]。

2.自适应光学技术

自适应光学（Adaptive Optics，AO）技术主要用于消除大气湍流带来的负面影响，其基本原理是通过波前探测和重构的方法产生一个“反波前畸变”，用于抵消大气湍流所导致的波前畸变[2]。

（三）分集技术

为了抑制大气湍流、传输损耗、云阻挡以及指向性误差等因素对FSO通信系统的影响，研究人员提出了四类分集技术：空间分集、时间分集、波长分集和基站分集。

1.空间分集

1996年，Ibrahim等提出了利用分集接收的FSO通信系统抑制大气湍流影响的方法，该方法能使FSO通信系统性能得到极大的提高[61]。分集技术是从发射端到接收端采用多条（至少两条）同等的载波光束进行传输的技术。多个发射机和接收机被用于相对独立的传输信道，因此光强闪烁和衰减概率能够被有效抑制。

根据FSO通信系统中发射机或者接收机的数目，空间分集大致可以分为以下三个种类。

（1）发射分集。发射分集系统是指由多个发射机和单个接收机组成的通信系统，又称为多输入单输出（Multi-Input Single-Output，MISO）系统。早在1997年，Kim等提出针对星地激光上行链路利用多发射机的方法来抑制光强闪烁[62]。为了模拟星地激光上行链路中复杂大气对激光传输的影响，在相距1.2 km和10.4 km的激光发射台与接收望远镜构成的水平通信链路分别开展相关实验，实验结果表明将一束激光光束分为多个光束的方法可以有效抑制强光起伏带来的深度衰减并提高信噪比。

（2）接收分集。接收分集系统是指由单个发射机和多个接收机组成的通信系统，又称为单输入多输出（Single-Input Multi-Output，SIMO）系统。接收分集技术中最典型的是阵列接收技术，其原理是使用多个独立的小孔径接收器接收光信号，所有小孔径接收器输出信号之和表现出与单个大孔径接收器类似的闪烁平滑效果[63]。通过使用多个接收机抑制大气湍流带来的接收信号衰减，可以提高FSO通信系统性能。1983年，Majumdar等提出多接收机孔径光通信概念，与一个大视域的探测器相比，使用多个小视域且窄带宽光滤波器的接收机能够有效抑制背景噪声[64]。多个接收器能够增加接收信号的信噪比，从而提升在大气湍流环境下的FSO通信系统性能。

（3）多输入多输出。同时由多个发射机和多个接收机组成的通信系统，被称为多输入多输出（Multi-Input Multi-Output，

MIMO）系统，它结合了MISO系统和SIMO系统的优点，能够有效抑制大气湍流对FSO通信系统造成的不利影响。2007年，Navidpour等给出了在Lognormal信道中MIMO系统的误码率表达式，证明了空间分集可以降低大气湍流带来的负面效应[65]。2009年，Tsiftsis等研究了在强湍流条件下，MISO、SIMO和MIMO系统的误码率性能[66]。随后，越来越多的人对MIMO系统进行了研究[67, 68]。

在采用空间分集的FSO通信系统中，为了达到提高系统性能的目的，对接收到的多个信号进行合并输出是提高信噪比的关键步骤，实际应用中，可以根据不同的加权系数选择不同的合并方式。目前，常用的合并算法有三种：最大比合并（Maximum Ratio Combination，MRC）、等效增益合并（Equal Gain Combination，EGC）、选择合并（Selective Combination，SC）。

2.时间分集

在不同时隙（时隙是按照时间一致顺序划分的时间周期）里传输相同信息的方法，称为时间分集。在泰勒提出的“湍流冰冻”假设中，湍流涡旋被看作是空间冻结的，并且在平均风矢量作用下，湍流涡旋在观测路径截面上移动。利用观测路径上的平均截面风速的相关知识，这个假设允许空间统计转变为时间统计。因此，时间分集能够提升FSO通信系统的性能。

Trisno等将归一化协方差函数的分析结果与波长为785 nm的激光光束在1 km传播路径上的实际测量结果进行对比，得到结论：针对方差分别为0.03和0.73两种大气湍流条件，相干时间可以分别近似为15 ms和3 ms[69]。因此，在弱湍流情况下FSO通信系统的时间分集方案中应选择比相干时间更长的时间间隔，进而提升系统性能[70]。

3.波长分集

由于入射激光波长不同，大气湍流折射率随机变化不同，因此在接收端的衰减特征（如光强起伏）也不同。波长分集利用这一特点，用不同波长的激光光束携带相同的信息同时发送，并在接收端使用选择合并方案对信号进行接收，因此在接收端具有最大信噪比的接收信号被用于降低通信系统的中断概率。

2005年，Davies等利用一种高噪声相干性的He–Xe激光器输出双波长（1 556.5 nm和1 558.1 nm）激光光束，并证明了这种方法能够减小传输距离为10 km以内的光强闪烁效应[71]。2006年，Harris等提出了利用波长分集技术抑制在地空通信链路中雾所带来的影响，并且分别在地面站与海拔4 km ~ 8 km的飞行器之间建立了三个波长（850 nm、1 550 nm和10 μm）激光同时传输的FSO斜程链路，实验结果表明：在接收端应用波长分集方案的接收功率要比利用等效增益分集方案高出300%，同时指出10 μm波长激光可以用于抑制地空FSO通信链路中由雾带来的影响[72]。2006年，Giggenbach等在高海拔地区，利用1 550 nm和840 nm波长激光进行了不同链路长度（4.3 km ~ 41 km）的通信实验，实验结果表明：利用波长分集和等效增益合并技术能使得误码率明显降低[73]。2015年，Kshatriya等推导出了采用波长分集技术的光通信系统中断概率的数学表达式[74]。

当同时采用多路不同波长激光光束进行通信时，由于不同波长的激光光束在不同的大气路径上进行传输，不同激光光束间的相关性也随之降低。随着波长间隔增大，光强起伏方差显著减小，但采用增大波长间隔的方法会增加系统设计的难度[75]。

4.基站分集

云是大气环境中常见的天气现象，光通信链路被云遮挡时，对该通信系统性能影响极大。相比之下，薄的冰晶结构的云对FSO通信系统性能的影响较小，但液态水或者较大的冰晶颗粒构成的各种光学厚度的云对光通信的衰减超过10 dB，甚至阻断光通信链路。为了抑制云的影响并且达到可靠通信的目的，地面接收站的地理位置分集这一概念便被提出，即基站分集。

为了研究云对FSO通信系统的影响，Alliss等于2012年开发了一套高分辨率的云气候光学系统（基于国家海洋和大气管理局以及地球静止环境业务卫星成像仪数据）[76]。通过整合个人渠道获得的各种云的数据最终对云进行决策分析，进一步得到云对光通信系统的影响：从高的空间分辨率与时间分辨率的气候出发，推导出精确的无云视线（Cloud-Free Line-Of-Sight，CFLOS）统计结果。激光网络优化工具和数据库也被用于基站分集的配置中，进而提高FSO通信系统的可用度。2012年，Capsoni等为了研究云对传输光束的影响，同时收集了三个欧洲站的探空数据并进行数据挖掘[77]。在传输路径上，光束衰减的长期年度统计可以通过下面的方法计算出来：首先对云层进行分类，然后对不同类型的云层沿着探空数据垂直廓线进行积分，其次得到云对光通信传输的总衰减数值。

（四）调制技术

常见的调制技术可以分为直接调制和间接调制两大类，具体分类如图1.2所示。

图 1.2　调制技术的分类

直接调制是指调制信号直接对激光器性能（如光强等）进行控制，从而得到随调制信号变化的光信号。直接调制又可以分为开关键控调制[78]、脉冲位置调制[56]、脉冲间隔调制[79]。其中，脉冲位置调制可以进一步分为单脉冲位置调制、差分脉冲位置调制、多脉冲位置调制；脉冲间隔调制可以进一步分为脉冲间隔调制、多电平脉冲间隔调制、双脉冲间隔调制、双头脉冲间隔调制。

间接调制是利用外界调制对光波的某个参数进行调制，其调制对象是光源发出的光波，而光源自身的参数并不发生变化。间接调制可以分为副载波强度调制[79]、偏振调制[80]、逆向调制[70, 79]。其中，副载波强度调制可以进一步分为二进制相移键控调制、差分相移键控调制、多进制相移键控调制、正交相移键控调制、频移键控调制；偏振调制可以进一步分为线偏振调制和圆偏振调制。

（五）编码技术

实验证明，通过编码技术处理的光通信系统具有更低的误码率。目前，无线光通信系统所涉及的编码理论分为两类：纠错码和非纠错码[56]。具体如下：

（1）纠错码：Reed-Solomon码、Turbo码、低密度奇偶校验（LDPC）码等。

（2）非纠错码：基于信道估计的自适应编码、网格编码。

除了以上常见的编码技术以外，近年来出现了一些新的编码技术，如空时编码、极化编码[81]。

常见的空时编码技术可以分为以下两类[82]。

（1）具有信道估计特性：分层空时码、空时网格码、空时分组码、级联空时编码等[83]。

（2）不具有信道估计特性：酉空时码、差分空时码等。

利用编码技术提升光通信系统性能，不需要牺牲体积、重量或开销等指标，但是常常会占用额外的功率和带宽。因此，要根据传输距离、湍流强度、分集技术以及调制技术等不同方面做出权衡，结合实际工作选择不同的编码方案。

五、FSO通信系统的最新研究进展

（一）混合FSO/RF技术

与同体积的射频（Radio Frequency，RF）通信系统相比，FSO通信系统能够提供几个数量级的数据增益。然而，受光电转换效率低、光探测器效率低、指向性误差和大气环境等因素的影响，导致接收机平面光斑尺寸增加和光强变弱，从而进一步导致光通信链路衰减，因此FSO通信系统的优势未能完全显现。单独使用FSO通信系统或者RF通信系统均不能达到多Gbps/Tbps速率（而光纤通信系统能达到），也不能实现完全可靠的通信性能。

美国国防高级研究计划局和空军研究实验室的成果显示，一个由FSO/RF（Free Space Optical Communication/Radio Frequency）和自适应网络组成的混合系统的性能能够赶超光纤通信系统。该实验的关键结果被报道于面向网络技术的空军研究实验室的RF/Optical网络战略项目中[84]。测试数据表明，在白天和黑夜运行环境下，混合FSO/RF通信系统均可以提供可靠的多交换容量的通信链路。

RF通信系统和FSO通信系统都不能在任意天气条件下保持连通，但是一个混合FSO/RF通信系统要比任意单一系统的可靠性要高，因此目前混合FSO/RF通信系统结构和性能是当前的研究热点之一。例如，2013年，Samimi等推导了混合FSO/RF通信系统中断概率的数学表达式[85]。2018年，Pattanayak等分析了双分支双跳混合FSO/RF通信系统的中断概率和误码率等有关通信系统性能[86]。

（二）其他技术

1.优良传输光束

修正过且具有优良性能的传输光束包括：非衍射光束[87]（包括艾里光束[88]）、部分相干光光束[89]、平顶光束[90]、修正过的贝塞尔–高斯光束[91]。例如部分相干光在大气信道中传输时受湍流影响较小，而完全相干光则受影响较大。因此，可以利用部分相干光的这一特性抑制大气湍流对自由空间光通信产生的负面影响。

2.复用技术

目前比较常见的复用技术有：正交频分复用技术[92]、基于轨道角动量的复用技术[93]。

六、本书研究的主要问题及结构

（一）本书研究的主要问题

尽管距离自由空间光通信系统概念的提出已经过去了很多年，各国研究人员在复杂大气环境对FSO通信系统的影响机理以及改善方法等方面做了广泛的研究，成果丰硕，但是仍然存在一些亟待解决的问题：

（1）斜程传输路径下FSO通信系统的相关研究较少，且大多研究都是基于某一两种影响因素研究通信系统性能，实际上除了天气，还有湍流、抖动、天空背景光等方面的综合因素都会对通信系统性能产生影响。

（2）目前大部分的理论研究内容是天气和湍流对通信系统的影响，而少有研究人员关注激光光束本身的指标参数对通信系统性能的影响，比如光束发散角、相干程度等。

（3）混合FSO/RF通信系统和相干调制技术是目前FSO通信系统性能改善方法的重要研究方向，多种改善方法的融合是未来FSO通信系统发展的主流趋势，在这些方面有着大量的工作需要完善。

（二）本书结构

本书针对以上存在的问题，在搜集了大量国内外相关研究文献的基础上，系统地研究了复杂大气环境对FSO通信系统的影响，并对一些新的改善方法进行了调查与研究，通过系统仿真的方式分析了这些方法的可行性。本书包括九章：

第一章为绪论，主要介绍自由空间光通信系统的研究背景、主要影响因素以及改善方法等内容。

第二章主要介绍自由空间光通信系统的基础知识，包括自由空间光通信系统的基本结构与组成、自由空间光通信系统的两种信道模型（统计视角和功率视角）、光学湍流理论及其统计模型、指向性误差的统计模型以及斜程大气传输透过率和衰减模型等内容。

第三章主要研究在功率视角下，推导天气、湍流、指向性误差、天空背景光等综合因素条件下，斜程空地激光通信系统性能的数学表达式，并通过仿真分析了在云雾天气条件下海拔以及大气环境对空地激光通信系统性能的影响。

第四章主要推导联合天气、Málaga湍流以及零视轴指向性误差条件下，FSO通信系统的误码率、平均信道容量以及中断概率等系统性能参数的数学表达式，并通过仿真的方法研究不同时段的湍流、不同指向性误差以及不同光束发散角对自由空间光通信系统性能的影响。

第五章主要推导联合天气、Exponential Weibull湍流以及零视轴指向性误差条件下，FSO通信系统的误码率、平均信道容量以及中断概率等系统性能参数的数学表达式，并通过仿真的方法研究不同湍流强度、不同指向性误差以及孔径平均效应对自由空间光通信系统性能的影响。

第六章推导在部分相干光系统中联合天气、Exponential Weibull湍流以及广义指向性误差等环境条件下，FSO通信系统的误码率、平均信道容量以及中断概率等系统性能参数的数学表达式，并通过仿真的方法研究相干性、孔径平均效应、光束束腰半径、指向性误差等因素对FSO通信系统性能的影响。

第七章推导在采用选择合并方案条件下，混合FSO通信系统链路的Málaga湍流模型和RF链路的Nakagami-m衰落模型的系统误码率与中断概率的数学表达式，并通过仿真的方法对比不同的调制方案对混合FSO/RF通信系统性能的影响，以及比较混合FSO/RF通信系统和单一FSO通信系统性能的差异性。

第八章推导在采用选择合并方案条件下，混合FSO链路的Exponential Weibull湍流模型和RF链路的Nakagami-m衰落模型的系统误码率与中断概率的数学表达式，并通过仿真的方法研究不同的调制方案（非相干调制与相干调制）对混合FSO/RF通信系统性能的影响，以及比较基于选择合并方案的混合FSO/RF通信系统、混合FSO/RF双跳系统和单一FSO通信系统性能的差异性。

第九章总结与展望，对本书内容和主要创新点进行总结，并且提出未来可以进一步深入探究的方向。

第二章　FSO通信系统基础知识

本章针对当前较为主流的受复杂大气环境因素影响的FSO通信系统，建立了完整的基础理论体系。主要包括FSO通信系统结构与组成、FSO通信系统理论模型、光学湍流理论及其统计模型、指向性误差统计模型、斜程大气传输透过率与衰减模型五个部分，为后续的内容奠定了基础。

一、FSO通信系统结构与组成

目前，世界各国的专家学者和有关企业都在加快对FSO通信系统平台的研发。FSO通信系统平台的实现所采用的方法不尽相同，但是其基本原理和总体思路是一致的[32, 79, 94, 95]。

FSO通信系统结构如图2.1所示，主要由以下几个部分组成：编/解码器、调制/解调器、激光驱动器、激光器、光放大器、光学发射/接收天线、ATP控制处理器、光电检测器、信号放大器等。

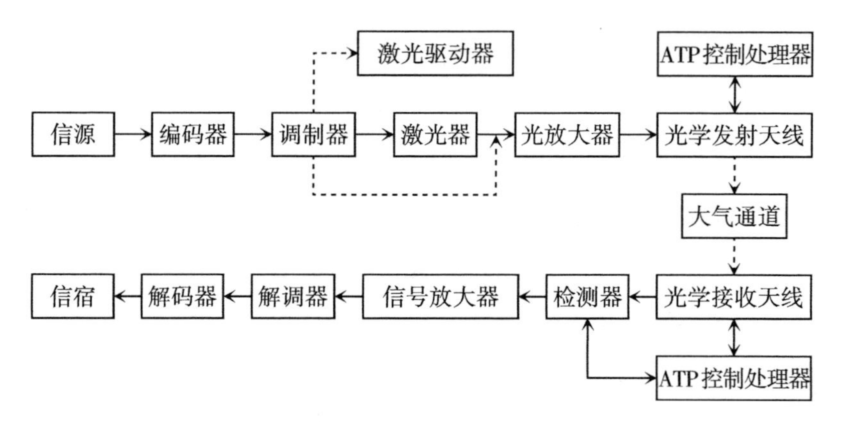

图 2.1　FSO 通信系统结构

编/解码器主要对需要发送/接收的信息流进行信道编/解码，以达到抗干扰、抗衰减、对信源检错纠错，以及提高系统容量的目的。

调制/解调器主要是将光载波信号的某一个或几个特征量（幅度、频率、相位等）与所需要传递的码源信息建立一一对应关系，即将码源信息调制到光载波信号上，使得光载波信号携带有用的信息。

激光器是产生光载波信号的元器件，根据结构、原理和光特性的不同，可以将激光器分为如图 2.2 所示的几类[63]。

激光器
- 法布里-珀罗激光器（Fabry-Perot Laser）
- 分布反馈式激光器（Distributed Feedback Laser）
- 垂直腔面激光器（Vertical-Cavity Suerface-Emitting Laser）
- 超辐射发光二极管（Superluminescent diode）

图 2.2　激光器的分类

光放大器主要用于在保持光信号特征不变的条件下，增加光功率和延长光的传播距离。光放大器按照原理不同可以分为两种[79]：半导体光放大器（Semiconductor Optical Amplifier,

SOA）和光纤放大器（Optical Fiber Amplifier，OFA），如图2.3所示。其中，半导体光放大器又可以分为谐振式半导体光放大器和行波式半导体光放大器，光纤放大器又可以分为掺稀土元素光纤放大器和非线性光纤放大器。掺稀土元素光纤放大器可进一步分为掺铒光纤放大器（Erbium Doped Fiber Amplifier，EDFA）和掺镨光纤放大器（Praseodymium Doped Fiber Amplifier，PDFA），非线性光纤放大器可以进一步分为拉曼光纤放大器和布里渊光纤放大器。在无线光通信系统中使用较多的是半导体光放大器和掺铒光纤放大器。

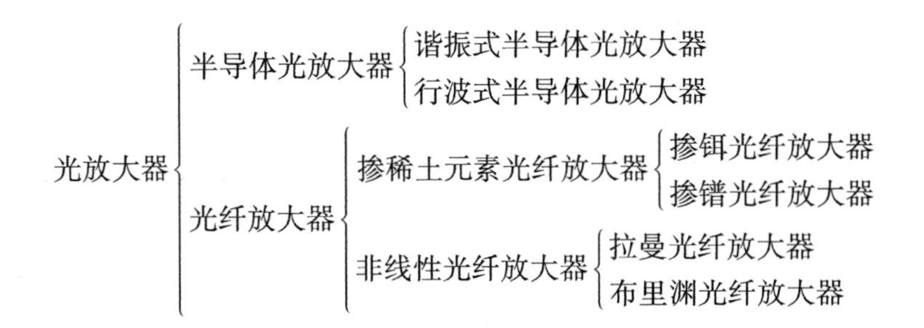

图2.3　光放大器的分类

光学发射/接收天线则是将光载波信号定向发送和采集的装置。

ATP控制处理器主要承担了光学发射天线与光学接收天线的对准任务。

光电检测器用于将接收到的光信号转换为电信号，以便使用电学装置对其进行信号的转换、处理和传输。以下四种光电检测器可用于光接收器中：PIN光电二极管、APD光电二极管、光电导体、金属–半导体–金属光电二极管（metal–semiconductor–metal photodiodes），后三种光电检测器都有内部增益。PIN光电二极管和APD光电二极管是在无线光通信系统中使用最广泛的检测器。

信号放大器用于增强检测器输出的微弱电信号，以便后续的电子设备处理。

二、FSO通信系统理论模型

（一）FSO通信系统的水平信道模型（统计视角）

大多数实际应用中的FSO通信系统均采用开关键控（On-Off Keying，OOK）调制和强度调制/直接检测（Intensity Modulation/Direct Detection，IM/DD）方案实现。系统输出信号y为[96]

$$y=hRx+n \tag{2.1}$$

式中，h为信道状态；R为探测器灵敏度（单位：安/瓦，A/W）；$x\in\{0,\ 2P_{\mathrm{t}}\}$，为发射信号功率；$n$为加性高斯白噪声（方差为$\sigma_n^2$），$P_{\mathrm{t}}$为平均发射光功率。

信道状态h与天气条件、大气湍流以及指向性误差等有关，且这些因素互不相关。信道状态h可表示为[96]

$$h=h_{\mathrm{l}}h_{\mathrm{a}}h_{\mathrm{p}} \tag{2.2}$$

式中，h_{l}为受天气条件影响的水平路径损耗，h_{a}为大气湍流的影响损耗，h_{p}为指向性误差损耗。

FSO通信系统中大气信道环境主要含有雾、霾、气溶胶等空气悬浮物，会对通信系统性能产生影响。根据Beer-Lambert定律的描述，受不同天气条件影响的水平路径损耗为[3]

$$h_{\mathrm{l}}=\exp\left(A_{\mathrm{atm}}Z_{\mathrm{atm}}\right) \tag{2.3}$$

式中，A_{atm}为大气衰减率，Z_{atm}为大气信道的长度。这里，大气衰减率A_{atm}又可以分为雾衰减率A_{fog}、云衰减率A_{cloud}、雨衰减率A_{rain}、雪衰减率A_{snow}。有关受大气湍流影响的损耗h_a、指向性误差损耗h_p、大气衰减率A_{atm}的详细介绍将在本章后续内容中展开。

（二）FSO通信系统的斜程传输信道模型（功率视角）

在空地激光通信链路中，信息光束由激光器产生并发出，经历了光学发送系统、大气信道、光学接收系统，最后由探测器捕获到接收光功率。空地激光通信的接收光功率可以由下式表示

$$P_r = P_t G_t G_r G_a \eta_t \eta_r L_s L_a L_{ATP} + P_b \tag{2.4}$$

式中，P_t为平均发射光功率，G_t为发射天线增益，G_r为接收天线增益，G_a为光学放大因子，η_t为发射效率，η_r为接收效率，L_s为自由空间引起的链路衰减，L_a为斜程大气信道损耗，L_{ATP}为ATP对准损耗，P_b为接收到的天空背景光功率。

在衍射极限光束情况下，发射和接收天线的有效增益分别为[63, 97]

$$G_t \approx \frac{16}{\theta_{div}^2} \tag{2.5}$$

$$G_r \approx \frac{\pi^2 D^2}{\lambda^2} \tag{2.6}$$

式中，光束发散角$\theta_{div} \approx \lambda / D_t$（$\lambda$为入射激光波长，$D_t$为发射机孔径直径），$D$为接收机孔径直径。

由于激光以一定光束发散角发出，经过一定距离传输会产生脉冲展宽，使得接收器接收到的光功率减小。对于固有准直且相干的激光器可以产生一个具有衍射极限特性的光斑，其自由空间引起的链路衰减可以表示为[63]

$$L_s=\left(\frac{\lambda}{4\pi Z_{atm}}\right)^2 \tag{2.7}$$

对于服从高斯分布的激光光束，在视轴处光强最大。若发射视轴与接收视轴发生偏移（离轴），则接收到的光强呈高斯分布下降。对于高斯光束，对准误差的增益可以表示为[97]

$$L_{ATP}=e^{-8(\theta_{off}/\theta_{div})^2} \tag{2.8}$$

式中，θ_{off}为离轴角度，在实际应用的ATP系统中，θ_{off}通常表示为跟踪误差。

天空背景辐射的形成原因非常复杂，太阳天顶角和方位角、观测方位角、云、气溶胶类型、能见度等因素对天空背景辐射的分布都有一定影响。实际测量中，通过大气辐射传输软件MODTRAN中有关参数可以得到天空背景辐射数值，例如，波长为1 550 nm时的天空背景光谱幅亮度典型值为0.2 $W\cdot m^{-2}\cdot nm^{-1}\cdot sr^{-1}$。增加滤光片后，进入接收机的天空背景光功率表达式为[98]

$$P_b=W(\lambda)A_r\Omega\Delta\lambda=W(\lambda)\cdot\Delta\lambda\cdot\frac{\pi^2 D_r^2\theta_{fov}{}^2}{16} \tag{2.9}$$

式中，$W(\lambda)$为所有大气层相互作用的总天空辐射度，$A_r=\pi D^2/4$为接收天线面积（D为接收机孔径直径），$\Omega\approx(\pi\theta_{fov}^2)/4$为接收机视场立体角（$\theta_{fov}$为接收机视场角），$\Delta\lambda$为滤光片带宽。

上文中提到的斜程大气信道损耗L_a的详细介绍见本章后续内容。

三、光学湍流理论及其统计模型

（一）功率谱模型

假设湍流满足均匀且各向同性的条件，且根据Kolmogorov相关湍流理论，对折射率自相关函数进行三维傅里叶变换，则可得到折射率起伏功率谱[99]。在惯性区，功率谱可以由著名的Kolmogorov谱给出[100]

$$\Phi_n(k)=0.033C_n^2k^{-11/3} \tag{2.10}$$

式中，湍流空间波数$k=1/l$，l为湍涡的尺度，C_n^2为折射率结构常数。实际上，在很多的工程应用中，使用未考虑湍流内尺度和外尺度效应的Kolmogorov模型已经足够。但当需要考虑湍流内尺度和外尺度效应时，可以使用Tatarskii功率谱或Von Karman功率谱[101]。

尽管目前关于折射率结构常数C_n^2的模型有很多，但是在工程实践中应用最广泛的是Hufnagel-Valley模型，其表达式为[32]

$$C_n^2(h)=0.005\,9\,(v/27)^2(10^{-5}h)^{10}\exp(-h/1\,000)+2.7\times10^{-16}\exp(h/1\,500)+C_0\exp(-h/100) \tag{2.11}$$

式中，h是距离地面的高度，C_0是地面附近的折射率结构常数，v是垂直于传输路径的风速，C_0和v的典型值分别为$1.7\times10^{-14}\ \mathrm{m}^{-2/3}$和21 m/s。

（二）光在湍流中的传输模型

光波在随机大气媒质中传播时，湍流引起折射率随机起伏进而导致光的振幅和相位产生随机波动。由电磁场与电磁波理论可

知，电磁波在随机介质中的波动方程为[99]

$$\nabla^2 \boldsymbol{E} + k^2 n^2 (\boldsymbol{R}) \boldsymbol{E} = 0 \tag{2.12}$$

式中，∇为拉普拉斯算符，$\boldsymbol{E}$为电磁波的电场，$\boldsymbol{R}$为空间中的点，k为波数，$k = 1/\lambda$，$n(\boldsymbol{R})$为折射率函数。将波动方程映射到空间直角坐标系的三个方向上，分别为$\boldsymbol{E}$的三个分量，设$\boldsymbol{U}$表示垂直于z轴传播的电磁场$\boldsymbol{E}$的分量，因此波动方程进一步化为

$$\nabla^2 \boldsymbol{E} + k^2 n^2 (\boldsymbol{R}) \boldsymbol{U} = 0 \tag{2.13}$$

公式2.13目前没有闭合形式的解，因此为了得到光在大气中的传播模型，研究人员提出了许多近似解法，如几何光学法、Born近似法、Rytov近似法、广义Huygens-Fresnel法、统计矩求解法、路径积分法以及Feynman图解法等，其中Rytov近似法在弱湍流情况下应用最为广泛[101]。

在Rytov近似法中，Rytov方差σ_{R}^2是一个重要的参数，它主要与折射率结构常数C_n^2和大气传输距离Z_{atm}有关，通常被用来对湍流强度进行分类[99, 100, 102]，即

$$\sigma_{\mathrm{R}}^2 = a C_n^2 k^{7/6} Z_{\mathrm{atm}}^{11/6} \tag{2.14}$$

式中，a为常数，与入射光的波形种类有关，当入射光为球面波时$a=0.5$，当入射光为平面波时$a=1.23$；k为波数。一般情况下，当$\sigma_{\mathrm{R}}^2 < 1$时对应弱湍流，当$\sigma_{\mathrm{R}}^2 \approx 1$时对应中等强度湍流，当$\sigma_{\mathrm{R}}^2 > 1$时对应强湍流。

（三）大气湍流的统计模型

1.Gamma-Gamma湍流模型

Gamma-Gamma湍流模型是目前最常见的湍流模型之一，它的概率密度函数（Probability Density Function，PDF）可以表示为[103]

$$f_{h_a}(h_a)=\frac{2\,(\alpha\beta)^{(\alpha+\beta)/2}}{\Gamma(\alpha)\,\Gamma(\beta)}h_a^{\frac{\alpha+\beta}{2}-1}\mathrm{K}_{\alpha-\beta}\left(2\sqrt{\alpha\beta h_a}\right),\ h_a>0 \tag{2.15}$$

这里$\mathrm{K}_n(\cdot)$是阶数为n的第二类修正Bessel函数，$\Gamma(\cdot)$表示Gamma函数。参数α和β的拟合值与大气条件有关，分别表示散射过程中湍流大尺度和小尺度湍涡的有效数目。假设平面波传输时，α和β可以由下式得到[103]

$$\alpha=\left[\exp\left(\frac{0.49\sigma_{\mathrm{R}}^{2}}{\left(1+1.11\sigma_{\mathrm{R}}^{12/5}\right)^{7/6}}\right)-1\right]^{-1} \tag{2.16}$$

$$\beta=\left[\exp\left(\frac{0.5\sigma_{\mathrm{R}}^{2}}{\left(1+0.69\sigma_{\mathrm{R}}^{12/5}\right)^{5/6}}\right)-1\right]^{-1} \tag{2.17}$$

式中，σ_{R}^2为平面波的Rytov方差。

假设球面波传输时，α和β可以由下式得到[102]

$$\alpha=\left[\exp\left(\frac{0.49\sigma_{\mathrm{R}}^{2}}{\left(1+0.18\psi^{2}+0.69\sigma_{\mathrm{R}}^{12/5}\right)^{7/6}}\right)-1\right]^{-1} \tag{2.18}$$

$$\beta=\left[\exp\left(\frac{0.5\sigma_{\mathrm{R}}^{2}\left(1+0.69\sigma_{\mathrm{R}}^{12/5}\right)^{-5/6}}{\left(1+0.9\psi^{2}+0.62\psi^{2}\,{}_{\mathrm{R}}^{12/5}\right)^{5/6}}\right)-1\right]^{-1} \tag{2.19}$$

这里$\psi=(kD^2/4Z_{\mathrm{atm}})^{1/2}$，$k$为波数，$D$为接收机孔径直径，$\sigma_{\mathrm{R}}^2$为球面波的Rytov方差。

2.Málaga湍流模型

Málaga（M）湍流模型是一种典型的统计模型，在接收机的观测域内接收光信号，可以认为是由三个部分组成[46，104]：视线分量（LOS component）U_{L}；在与视线分量相耦合的传播轴（同轴）上，由湍涡引起的准前向散射分量$U_{\mathrm{S}}^{\mathrm{C}}$；由离轴路径上湍涡对光能量产生的独立散射分量$U_{\mathrm{S}}^{\mathrm{G}}$，其与前两个分量独立统计。

根据文献[105, 106]，h_a的概率密度函数为

$$f_{h_a}(h_a)=A\sum_{j=1}^{\beta_1}a_j h_a^{\frac{\alpha_1+j}{2}-1}\mathrm{K}_{\alpha_1-j}\left(2\sqrt{\frac{\alpha_1\beta_1 h_a}{g_1\beta_1+\Omega'}}\right),\ h_a>0 \tag{2.20}$$

其中，

$$A=\frac{2\alpha_1^{\alpha_1/2}}{g_1^{1+\alpha_1/2}\Gamma(\alpha_1)}\left(\frac{g_1\beta_1}{g_1\beta_1+\Omega'}\right)^{\beta_1+\alpha_1/2} \tag{2.21}$$

$$a_j=\binom{\beta_1-1}{j-1}\frac{(g_1\beta_1+\Omega')^{1-j/2}}{(j-1)!}\left(\frac{\Omega'}{g_1}\right)^{j-1}\left(\frac{\alpha_1}{\beta_1}\right)^{j/2} \tag{2.22}$$

上述式中，α_1是一个正参数，与散射过程中大尺度湍涡的有效数目有关；β_1为衰减参数的值（自然数），与小尺度湍涡产生的衍射效应有关；$g_1=E\left(\left|U_S^C\right|^2\right)=2b_0(1-\rho)$为离轴湍涡路径接收到独立散射分量的平均功率；$2b_0=E\left(\left|U_S^C\right|^2+\left|U_S^G\right|^2\right)$为总散射分量的平均功率；参数$\rho$（$0\leqslant\rho\leqslant 1$）为与视线分量耦合的散射功率；相互耦合分量的平均功率$\Omega'=\rho+2\sqrt{2b_0\rho\Omega}\cos(\varphi_A-\varphi_B)$，$\Omega=E\left(\left|U_L\right|^2\right)$为视线分量的平均功率，$\varphi_A$和$\varphi_B$分别为视线分量和同轴分量各自的确定相位；$\Gamma(\cdot)$为Gamma函数，$\mathrm{K}_{\alpha_1-j}(\cdot)$为第二类$\alpha_1-j$阶修正Bessel函数。值得注意的是，$E\left(\left|U_S^C\right|^2\right)=2b_0\rho$表示与LOS分量相耦合的同轴分量的平均功率，即平均光照强度为$E[I]=\Omega+2b_0$。

3.Exponential Weibull湍流模型

Exponential Weibull（EW）湍流模型对有限孔径的辐照度波动具有很好的拟合效果，且它适用于由弱到强的湍流，因此受到越来越多的关注。由EW分布定义，湍流信道状态h_a的概率密度函数为[49]

$$f_{h_a}(h_a)=\frac{\alpha_2\beta_2}{\eta}\left(\frac{h_a}{\eta}\right)^{\beta_2-1}\exp\left[-\left(\frac{h_a}{\eta}\right)^{\beta_2}\right]\left\{1-\exp\left[-\left(\frac{h_a}{\eta}\right)^{\beta_2}\right]\right\}^{\alpha_2-1},\ h_a>0 \tag{2.23}$$

式中，α_2和β_2都是形状参数，η是尺度参数，它们的值均大于0。这些参数值均能通过公式或者实验和仿真数据近似得到[49]，即

$$\alpha_2\cong\frac{7.220\sigma_I^{2/3}}{\Gamma\left(2.487\sigma_I^{2/6}-0.104\right)} \tag{2.24}$$

$$\alpha_2\cong 1.012\left(\alpha_2\sigma_I^2\right)^{-13/25}+0.142 \tag{2.25}$$

$$\eta\cong\frac{1}{\alpha_2\Gamma\left(1+1/\beta_2\right)g_1(\alpha_2,\ \beta_2)} \tag{2.26}$$

其中$g_1(\alpha_2,\ \beta_2)$为收敛级数，其表达式为

$$g_1(\alpha_2,\ \beta_2)=\sum_{j=0}^{\infty}\frac{(-1)\Gamma(\alpha_2)}{j!\left(j+1\right)^{1+1/\beta_2}\Gamma\left(\alpha_2-j\right)} \tag{2.27}$$

受链路环境影响，当到达接收机平面光束尺寸远大于接收机孔径直径D时，高斯光束的闪烁指数可以用球面波近似得到[107]

$$\sigma_I^2(D)=\exp\left[\sigma_{\ln x}^2(D)+\sigma_{\ln y}^2(D)\right]-1 \tag{2.28}$$

式中，$\sigma_{\ln x}^2$和$\sigma_{\ln y}^2$分别是大尺度和小尺度湍涡对数辐照度通量方差，具体表示为

$$\sigma_{\ln x}^2(D)=\frac{0.49\sigma_R^2}{\left(1+0.18\psi^2+0.56\sigma_R^{12/5}\right)^{7/6}} \tag{2.29}$$

$$\sigma_{\ln y}^2(D)=\frac{0.51\sigma_R^2\left(1+0.56\sigma_R^{12/5}\right)^{-5/6}}{\left(1+0.9\psi^2+0.62\psi^2\sigma_R^{12/5}\right)} \tag{2.30}$$

其中，球面波的Rytov方差由折射率结构常数得到，即$\sigma_R^2=0.5C_n^2k^{7/6}Z_{atm}^{11/6}$。归一化接收机孔径直径为$\psi^2=kD^2/4Z_{atm}$，$k$为波数，$D$为接收机孔径直径。

四、指向性误差统计模型

（一）零视轴指向性误差模型

Farid和Hranilovic提出了在垂直和水平两个方向上，指向性误差的抖动是相互独立且完全相同的假设[96]。指向性误差的抖动，用均值为0且方差为σ_s^2的高斯分布表示。接收到的激光光束的径向位移（偏离圆形接收机孔径中心的距离）用Rayleigh分布表示。因此，得到指向性误差损耗h_p的概率密度函数为

$$f_{h_p}(h_p)=\frac{\chi^2}{A_0^{\chi^2}}h_p^{\chi^2-1},\ 0\leqslant h_p\leqslant A_0 \tag{2.31}$$

式中，$\chi=\omega_{Z_{eq}}/2\sigma_s$为在接收机上等效光束半径与指向性误差抖动的标准差之比；$\omega_{Z_{ep}}^2=\omega_Z^2\sqrt{\pi}\,\mathrm{erf}(v)/2ve^{-v^2}$，这里$\omega_Z$表示距离光源$Z_{atm}$处的光束腰；$A_0=[\mathrm{erf}(v)]^2$，表示无指向性误差情况下接收到的光功率分数；$v=(\sqrt{\pi}\,d_r)/(\sqrt{2}\,\omega_Z)$，$d_r$为接收机平面的半径；$\mathrm{erf}(\cdot)$为误差补函数；$\theta=2\omega_Z/Z_{atm}$，表示光束发散角$\theta$和距离光源$Z_{atm}$处的光束腰之间的关系。

（二）非零视轴的广义指向性误差模型

Boluda-Ruiz R等提出，假设光束的径向偏移向量（瞄准误差）为$(x,\ y)^T$，其中x和y分别表示在水平和垂直两个方向上的偏移分量，x和y分别用不同均值（视轴偏移量）、不同方差（抖动偏移量）的独立高斯随机变量模型表示，即$x\sim N(\mu_x,\ \sigma_x)$、$y\sim N(\mu_y,\ \sigma_y)$[108]，由修正的Rayleigh分布近似，可以得到指向

性误差损耗h_p的概率密度函数为

$$f_{h_p}(h_p)=\frac{\varphi_{mod}^2}{(A_0G)^{\varphi_{mod}^2}}h_p^{\varphi_{mod}^2-1},\ 0\leqslant h_p\leqslant A_0G \tag{2.32}$$

式中，$\varphi_{mod}=\omega_{Z_{eq}}/2\sigma_{mod}$为等效光束宽度与修正Rayleigh分布参数之比；修正Rayleigh分布参数为$\sigma_{mod}^2=\left(\frac{3\mu_x^2\sigma_x^4+3\mu_y^2\sigma_y^4+\sigma_x^6+\sigma_y^6}{2}\right)^{1/3}$；修正因子$G=\exp\left(\frac{1}{\varphi_{mod}^2}-\frac{1}{2\varphi_x^2}-\frac{1}{2\varphi_y^2}-\frac{\mu_x^2}{2\sigma_x^2\varphi_x^2}-\frac{\mu_y^2}{2\sigma_y^2\varphi_y^2}\right)$；$\varphi_x=\omega_{Z_{eq}}/2\sigma_x$和$\varphi_y=\omega_{Z_{eq}}/2\sigma_y$分别为等效光束宽度与水平和垂直方向的抖动误差之比；等效光束宽度为$\omega_{Z_{ep}}^2=\omega_Z^2\sqrt{\pi}\,\mathrm{erf}(v)/2ve^{-v^2}$，这里$\omega_Z$表示距离光源$Z_{atm}$处的光束腰；$A_0=[\mathrm{erf}(v)]^2$，表示无指向性误差情况下接收到的光功率分数；$v=(\sqrt{\pi}\,d_r)/(\sqrt{2}\,\omega_Z)$，其中$d_r$为接收机平面的半径；erf (·)为误差补函数。

注：当$\omega_Z/d_r>6$时，公式的近似度较好。

五、斜程大气传输透过率与衰减模型

激光在大气中的能量损耗用传输透过率来替代，而透过率由Beers-Lambert定律表示[3]

$$T_{atm}(\lambda)=\exp\left(-\int_0^{Z_{atm}}\beta_{atm}(\lambda)\,\mathrm{d}z\right) \tag{2.33}$$

式中，$T_{atm}(\lambda)$是波长为λ时的传输透过率，Z_{atm}为激光传输的距离，$\beta_{atm}(\lambda)$为总衰减系数。

在水平均匀大气介质中，透过率可以简化为

$$T_{atm}(\lambda)=\exp\left(-\beta_{atm}(\lambda)\,Z_{atm}\right) \tag{2.34}$$

对于仰角为θ的斜程传输时，传输透过率则为

$$T_{atm}(\lambda)=\exp\left(-\csc\theta\int_0^{H\csc\theta}\beta_{atm}(\lambda)\,\mathrm{d}h\right) \tag{2.35}$$

式中，H为斜程传输的海拔。在实际测量中，由于飞机飞行高度与地球曲率半径相比较小，因此可以忽略地球曲率半径，则斜程传输距离为$Z_{atm}=H/\sin\theta$。

由于前人已经对自由空间激光大气传输特性做了大量的研究，在水平均匀的大气介质中，通过利用微观物理特性或者拟合等方法，推导出了很多以分贝作为单位的大气衰减率$A_{atm}(\lambda)$（衰减/单位长度）公式，由文献可知大气衰减系数与大气衰减率之间的关系[3]为

$$4.343\beta_{atm}(\lambda)=A_{atm}(\lambda) \tag{2.36}$$

在长距离空地激光通信系统的链路中，通常有雾、云、雨、雪和湍流等多种大气环境同时存在，在雾中光的衰减随高度的变化而变化（看作斜程传输），而在云层和湍流中光的衰减仅仅只与云的类型有关（看作水平均匀传输），因此结合上述公式，大气信道损耗L_a表示为

$$\begin{aligned}L_a&=T_{fog}(\lambda)\cdot T_{cloud}(\lambda)\cdot T_{rain}(\lambda)\cdot T_{snow}(\lambda)\cdot T_{turb}(\lambda)\\&=\exp\left(-\frac{\csc\theta}{4.343}\int_0^{H_{fog}\csc\theta}A_{fog}(\lambda)\,\mathrm{d}h\right)\times\exp\left(-\frac{\csc\theta}{4.343}A_{cloud}(\lambda)H_{cloud}\right)\times\\&\quad\exp\left(-\frac{\csc\theta}{4.343}A_{rain}(\lambda)H_{rain}\right)\times\exp\left(-\frac{\csc\theta}{4.343}A_{snow}(\lambda)H_{snow}\right)\times\\&\quad\exp\left(-\frac{A_{turb}(\lambda,H_{turb})}{4.343}\right)\end{aligned} \tag{2.37}$$

式中，$T_{fog}(\lambda)$为雾的透过率，$T_{cloud}(\lambda)$为云的透过率，$T_{rain}(\lambda)$为雨的透过率，$T_{snow}(\lambda)$为雪的透过率，$T_{turb}(\lambda)$为湍流的等效透过

率，θ为斜程传输仰角，$A_{fog}(\lambda)$为雾的衰减率，H_{fog}为雾中传输高度，$A_{cloud}(\lambda)$为云的衰减率，H_{cloud}为云中传输高度，$A_{rain}(\lambda)$为雨的衰减率，H_{rain}为雨中传输高度，$A_{snow}(\lambda)$为雪的衰减率，H_{snow}为雪中传输高度，$A_{turb}(\lambda, H_{turb})$表示湍流对光的等效衰减，$H_{turb}$表示湍流的最高海拔。

（一）雾对光的衰减

由雾引起的光衰减可用Mie散射理论计算。当对比感阈$\varepsilon=0.05$时，由修正后的半经验Kruse公式中可以得到单位长度的大气衰减率为[3]

$$A_{fog}(\lambda)=\frac{13}{V}\left(\frac{\lambda}{550}\right)^{-q} \tag{2.38}$$

式中，V为能见度（单位：km），λ为入射激光波长（单位：nm），其中波长修正因子q是由经验数据确定的。Kim对Kruse模型有效性进行研究后，对能见度小于6 km时，Kruse模型中的波长修正因子q进行了修正

$$q=\begin{cases}1.6, & V>50\ \text{km}\\ 1.3, & 6\ \text{km}<V<50\ \text{km}\\ 0.16+0.34, & 1\ \text{km}<V<6\ \text{km}\\ V-0.5, & 0.5\ \text{km}<V<1\ \text{km}\\ 0, & V<0.5\ \text{km}\end{cases} \tag{2.39}$$

能见度与海拔有关，海拔越高能见度越好，可由下式表示[97]

$$V=1\,000V_0\exp(bh) \tag{2.40}$$

式中，V_0是海拔为0处的能见度（单位：km），h为海拔（单位：km），b的值为0.1。

（二）云对光的衰减

光在云中传输，仍然可通过Mie散射理论进行分析。但云的能见度V很难测得，因此Awan等利用雾的能见度与液态水含量之间的关系式，推导出了云的能见度与液态水含量的关系式[27]

$$V=\frac{1.002}{(\mathrm{LWC}\times N)^{0.6473}} \tag{2.41}$$

这里，N为云的浓度，LWC为云的水含量，根据表2.1可查得不同类型云的有关参数[27]。将能见度代入雾对光的衰减公式中，可得到云对光的衰减率为

$$A_{\mathrm{cloud}}(\lambda)=12.97(\mathrm{LWC}\times N)^{0.6473}\left(\frac{\lambda}{500}\right)^{-q} \tag{2.42}$$

表2.1　云的分类及其相应参数

云类型	云高	N/cm^{-3}	LWC/(g·m^{-3})
层云(Stratus)	低于1.8 km	250	0.29
积云(Cumulus)	低于1.8 km	250	1.00
层积云(Stratocumulus)	低于1.8 km	250	0.15
高层云(Altostratus)	1.8 km ~ 6 km	400	0.41
雨层云(Nimbostratus)	1.2 km ~ 7 km	200	0.65
卷云(Cirrus)	5 km ~ 15 km	0.025	0.064 05
薄卷云(Thin cirrus)	5 km ~ 15 km	0.5	3.128×10^{-4}

（三）湍流对光的等效衰减

大气湍流会引起传输光束的光强闪烁，从而导致接收信号的起伏，因此对激光通信系统性能造成极大影响。由文献可知，大

气湍流对光信号的等效衰减可以由Rytov近似法求得[54, 109]

$$A_{\mathrm{turb}}(\lambda, H_{\mathrm{turb}})=$$

$$2\times\sqrt{23.17\times10^{5}\times\left(\frac{2\pi}{\lambda}\cdot10^{9}\right)^{7/6}\times C_n^2\times\left(H_{\mathrm{turb}}\csc\theta\right)^{11/6}} \tag{2.43}$$

式中，λ为入射激光波长（单位：nm），H_{turb}为湍流海拔（单位：m），C_n^2为折射率结构常数（单位：$\mathrm{m}^{-1/3}$），θ为斜程传输仰角。

大气折射率结构常数C_n^2是常用于表征大气湍流强度的物理量，在一定程度上它也能反映出激光在大气中传输时所受到湍流影响的强弱。折射率结构常数C_n^2随高度的变化可用Hufnagel-valley折射率结构常数模型表征[54]。为了简化计算，强、中等、弱大气湍流C_n^2值通常可以为[109]

$$C_n^2=\begin{cases}10^{-16}，\text{弱湍流情况}\\10^{-14}，\text{中等湍流情况}\\10^{-13}，\text{强湍流情况}\end{cases} \tag{2.44}$$

六、本章小结

本章主要研究了自由空间光通信系统的结构、组成及其信道模型。本章从统计视角和功率视角，分别给出了两种信道模型；提供了光学湍流的相关理论、重要参数以及大气湍流辐照度的统计模型；分别给出了零视轴的指向性误差模型和非零视轴的广义指向性误差的统计模型；此外，还给出了大气透过率和大气衰减模型。这些基本的理论知识，为后面研究大气环境因素对自由空间光通信系统性能的影响与改善方法奠定了基础。

第三章　云雾天气对空地激光通信系统性能的影响

自由空间光通信技术是一种在自由空间中以光（主要指激光）为载体传输数据的无线宽带通信技术。FSO通信技术具有传输容量大、建网速度快、无需授权、保密性好等特点，通常应用于保密通信、城域网扩频、宽带网零公里接入、无线基站数据回传、应急通信等领域[110]。

受大气环境因素的影响，光信号在大气传输过程中经历了各种不同程度的衰减。2001年，Kim等基于Mie散射理论对Kruse模型进行了修正，考虑了在能见度小于500 m时雾对光的传输衰减[3]；2009年，Awan等利用雾的能见度与液态水含量的关系，给出光在云环境下传输的衰减表达式[27]；2011年，Zabidi等总结前人的经验，给出与降雨率有关的雨对光的衰减模型[18]；2012年，Ghassemlooy等推导了衍射极限光束和非衍射极限光束的几何路径损耗[63]；2013年，Rashed等给出与降雪率有关的雪对光的衰减表达式[111]；2013年，于林韬等在考虑了指向性误差的情况下，分析了空地激光链路的传输功率与通信性能[97]；2016年，Uysal等利用Rytov近似法推导得到光信号的衰减与大气折射率结构常数有关的表达式[54]；2017年，范新坤等研究了天空背景光对自由空间激光通信系统的影响，并给出了天空背景光模型的理论推导[98]。事实证明，大气环境对接收信号光功率产生了不可忽略的影响，FSO通信系统性能也会因此受到严重影响。

FSO通信系统性能参数不仅与接收信号光功率有关，同时也受到接收机灵敏度等系统参数的限制。2011年，Abushagur等在考虑雾和指向性误差的条件下，分析了开关键控方案下的FSO通信系统的误码率性能[112]；2015年，Viswanath等分析了Gamma-Gamma湍流、光束漂移导致的指向性误差，并在雾和云的天气下，分析了不同调制方案的FSO通信系统误码率性能[113]；2016年，Ghoname等综合利用雾、雨以及湿度对接收信号光功率的影响，仿真分析了FSO通信系统的接收光功率、链路余量、可达数据率和误码率[114]。相比较而言，直接利用接收信号光功率推导FSO通信系统的参数比较容易获得其数学表达式。

由于大气环境复杂，影响自由空间光通信系统性能的因素很多，因此本章提出一种综合考虑常见大气环境（雾、云、湍流等）、光束扩展、天空背景光功率、ATP技术导致的对准误差等多种因素导致的光衰减模型，并在此基础上讨论采用NRZ-OOK（Non-Return Zero On-Off Keying，非归零码开关键控）调制和L-PPM（Pulse-Position Modulation，脉冲位置调制）调制方案的IM/DD（光强调制/直接检测）通信系统的性能参数，主要包括链路传输方程的数学表达式、链路余量、可达数据率、信噪比以及误码率。

一、空地激光通信系统性能分析

（一）可达数据率

给定激光发射功率为P_t，发射机的光束发散角为θ_{div}，接收机直径为D_r，发射效率为η_t，接收效率为η_r，可达数据率R_{data}为[114]

$$R_{data}=\frac{4}{\pi E_p N_b}P_r \tag{3.1}$$

式中，$E_p=hc/\lambda$，是波长为λ的光子能量；N_b为接收机灵敏度（单位：光子／比特，或dBm）。

在给定通信系统误码率的条件下，光接收机灵敏度N_b是当达到系统预期信噪比（Signal to Noise Ratio，SNR）时，接收机所需的最小接收光功率。

（二）链路余量

链路余量（Link Margin）是指在给定数据传输率前提下，可用接收光功率P_r与指定误码率的接收光功率的比值表示[114]，即

$$LM=\frac{\lambda}{N_b R_{data} hc}P_r \tag{3.2}$$

式中，N_b为接收机灵敏度，R_{data}为可达数据率，h为普朗克常量，c为光速。

（三）信噪比与误码率

实际工作中，一般选用雪崩光电二极管（Avalanche Photo Diode，APD）作为接收机，对于IM/DD通信系统而言，信噪比为[98]

$$\gamma=\frac{(MP_{rw}N_d)^2}{2qM^2F_mB(N_dP_{rw}+N_dP_b+I_d)+\eta} \tag{3.3}$$

式中，M为APD倍增系数；P_{rw}为接收到的信号光功率（不含背景光功率）；N_d为探测器响应度（单位：$A\cdot W^{-1}$）；q为电子电荷量（单位：C）；附加噪声因子$F_m=(1-k)(2-1/M)+kM$（k为常数）；B为接收系统带宽；P_b为接收到的天空背景光功率；I_d为探测器暗电流；$\eta=4K_BT'BF_n/R_{eq}$，K_B为玻尔兹曼常数，T'为探测器绝对温度（单位：K），F_n为APD后级放大电路的噪声系数（通常为1），R_{eq}为探测器等效负载。

对于NRZ-OOK调制的IM/DD通信系统而言，其误码率为[115]

$$BER_{NRZ-OOK}=\frac{1}{2}\mathrm{erfc}\left(\frac{1}{2\sqrt{2}}\sqrt{\gamma}\right) \tag{3.4}$$

对于L-PPM调制的IM/DD通信系统而言，其误码率为[115]

$$BER_{L-PPM}=\frac{1}{2}\mathrm{erfc}\left(\frac{1}{2\sqrt{2}}\sqrt{\gamma\frac{L}{2}\log_2L}\right) \tag{3.5}$$

二、空地激光通信系统性能仿真

在长距离空地激光通信链路中，最常见的天气影响为雾、云和湍流。我国大部分地区为中、低纬度地区，大气对流层位于距离地面10 km ~ 16 km，而飞机通常在对流层上部飞行（其中水汽、尘埃含量少，能见度很高）。因此本书仿真主要考虑高度低于5 km的雾和5 km ~ 10 km高度之间的卷云对光通信系统的影响，而湍流则在整个通信链路中都可能存在。本章仿真所采用的激光发射功率为2 W，激光波长为1 550 nm，表3.1列出了FSO通信系统的有关仿真运行参数[97, 107, 114]。图3.1给出了斜程仰角为30°且飞机飞行高度为12 km的激光通信链路示意图，飞机与地面接收站之间距离的变化是飞机在*A*点与*B*点之间进行相对运动，可以看作飞机起飞或者降落的过程（在这个过程中假设大气环境处于静止状态）。

表3.1　FSO通信系统仿真运行参数

Operating Parameter	Value	Operating Parameter	Value
Transmitter efficiency η_t	0.9	Detector responsivity N_d	0.95 A·W^{-1}
Transmitter aperture diameter D_t	15 cm	APD multiplication factor M	150
Receiver aperture diameter D	15 cm	Additional noise factor F_m (k=0.7)	105.599 8
Receiver efficiency η_r	0.9	Noise factor of APD post amplifier circuit F_n	1
Beam divergence angle θ_{div}	2 mrad	Detector dark current I_d	10 nA
Off-axis angle θ_{off}	25 μrad	Detector equivalent load R_{eq}	1 kΩ
Optical amplification factor G_a	10	Receiver system bandwidth B	2 GHz
Receiver field angle θ_{fov}	0.15 mrad	Data rate R	1.25 Gb/S
Filter bandwidth $\Delta\lambda$	3 nm	Absolute detector temperature T'	298 K
Receiver sensitivity N_b	−36 dBm (1 568 photos/bit)	1 550 nm sky background spectral radiance $W(\lambda)$	0.2 w·m^{-2}·nm^{-1}·sr^{-1}

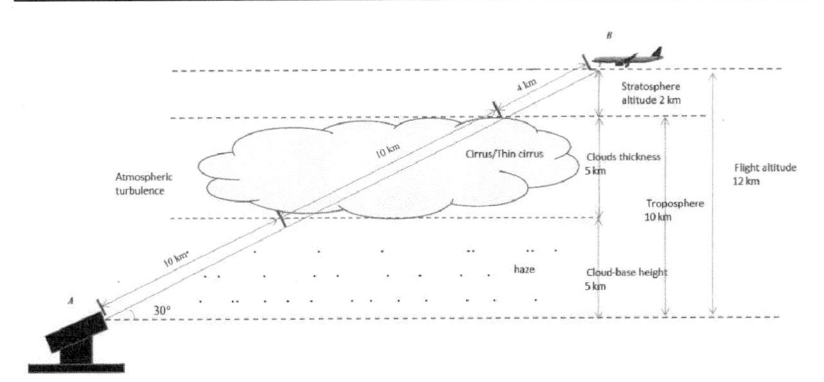

图3.1　空地激光通信链路示意

对云雾天气条件下空地激光通信系统仿真，由图3.2可以看出，大气湍流对激光通信系统的影响较大，而中等浓度雾对接收光功率的影响较小；随着湍流强度的增加，雾对接收光功率的影响基本可以忽略。由于接收机灵敏度为−36 dBm，当大气环境为强湍流且海拔小于2 km时，接收机能接收到的最小光功率为−34.78 dBm；大气环境为中等湍流且海拔为2 km～4.8 km时，接收机能接收到的最小光功率为−36.48 dBm；而大气环境为弱湍流且海拔低于12 km时，接收机接收到的最小光功率为−27.08 dBm。接收光功率受到天空背景光功率和光学放大因子等因素的影响，当信息光功率衰减为0时，接收光功率趋于极限值，约为−68 dBm。因此考虑到接收机灵敏度等因素，在实际工作中大气通信的有效海拔应该进一步减小。

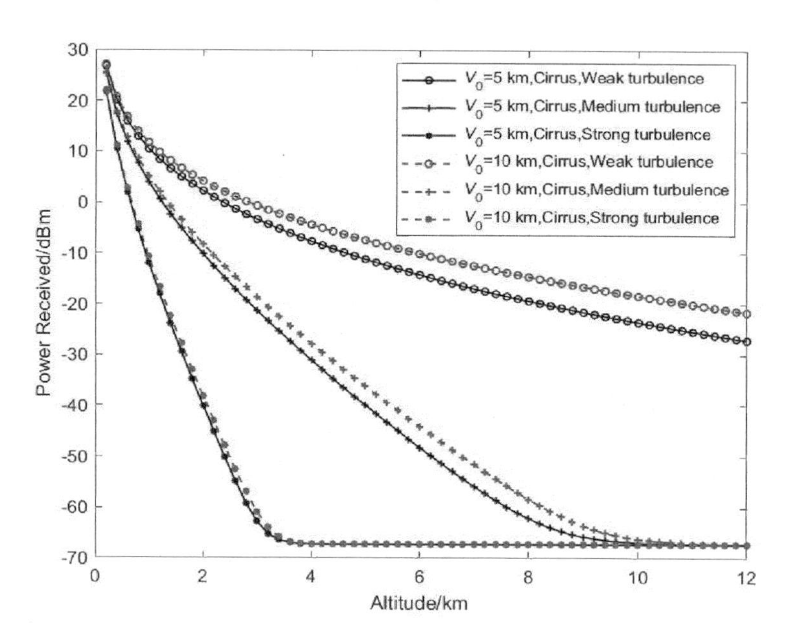

图3.2　在不同能见度和湍流强度条件下，接收光功率与海拔的关系

如图3.3所示，当大气环境为强湍流且海拔低于2 km时，通信系统的可达数据率最小能达到2.1×10^{12} bit/s（比通信系统仿真参数中可达数据率1.25 Gb/s要大得多）；当大气环境为中等湍流且海拔在2 km ~ 4.8 km时，通信系统可达数据率最小值也能达到1.4×10^{12} bit/s；当大气环境为弱湍流、海拔低于12 km且地面能见度为5 km时，通信系统可达数据率最小值能达到1.2×10^{13} bit/s，而地面能见度为10 km时可达数据率最小值接近4.3×10^{13} bit/s。

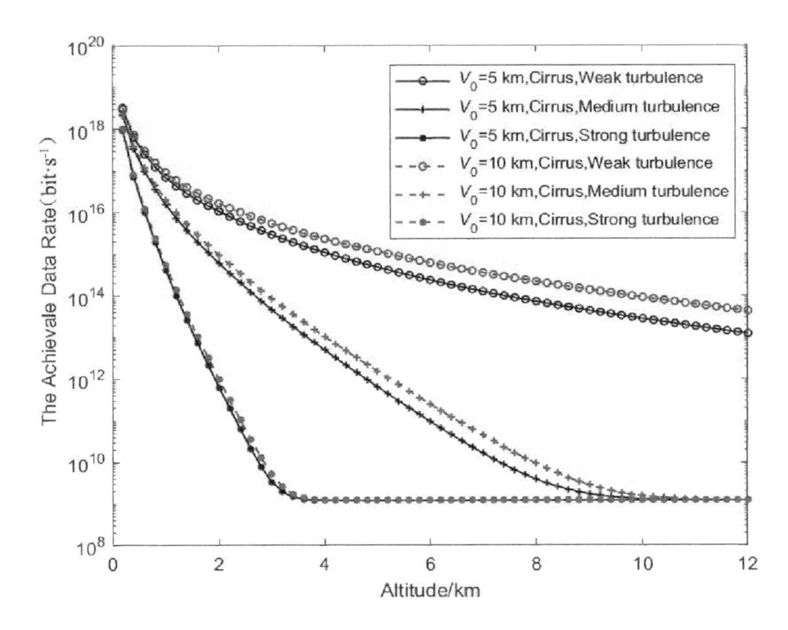

图3.3　在不同能见度和湍流强度条件下，可达数据率与海拔的关系

如图3.4所示，当通信系统的通信速率为1.25 Gb/s，大气环境为强湍流且海拔低于2 km时，链路余量最小为31.21 dB；当大气环境为中等湍流且海拔在2 km ~ 4.8 km时，链路余量最小值为29.51 dB；当大气环境为弱湍流且海拔低于12 km时，链路余量最小值接近 39.91 dB，在整个 12 km 的链路中通信质量较好。

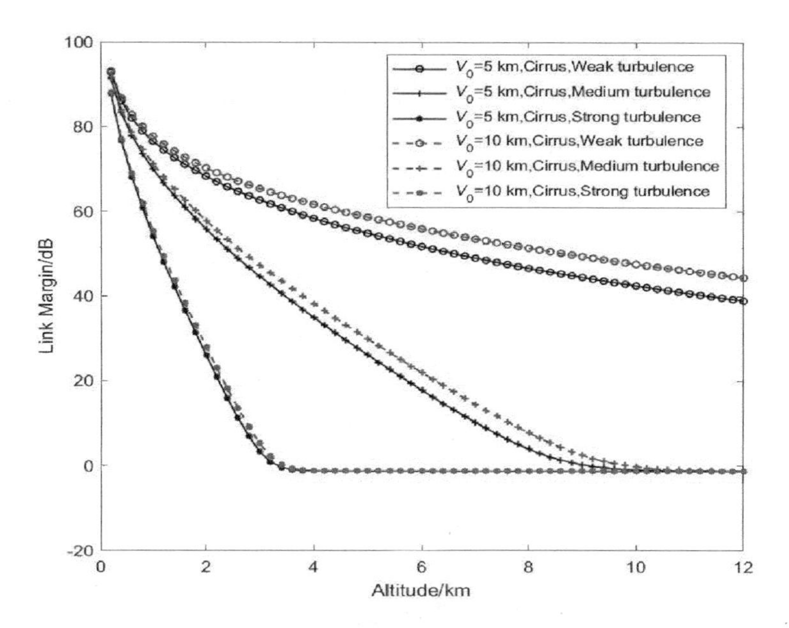

图 3.4　在不同能见度和湍流强度条件下，链路余量与海拔的关系

对比图 3.2、图 3.3 和图 3.4 可知，湍流是影响空地激光链路通信系统性能的主要因素，而在湍流大气环境为中等浓度雾时，对通信系统性能影响较小。随着湍流强度的增大，雾对 FSO 通信系统性能的影响进一步减小，当通信链路处于强湍流大气环境时，雾对通信系统的影响可以忽略不计。由对比还可以知道，当通信链路处于弱湍流大气环境时，海拔为 12 km 的空地激光通信系统性能较好，虽然此时雾对系统性能有所影响，但是不影响正常通信。当通信链路处于中等湍流大气环境时，正常通信的海拔约为 4 km；当通信链路处于强湍流大气环境时，正常通信的海拔约为 1.5 km。

如图3.5所示，通信系统采用NRZ-OOK调制方案，当大气环境为强湍流且海拔低于1.6 km时，误码率最大为7.5 × 10^{-5}；当大气环境为中等湍流且海拔低于3.2 km时，误码率最大为2.5 × 10^{-7}；当大气环境为弱湍流且海拔低于9.2 km时，误码率最大为3.9 × 10^{-7}。

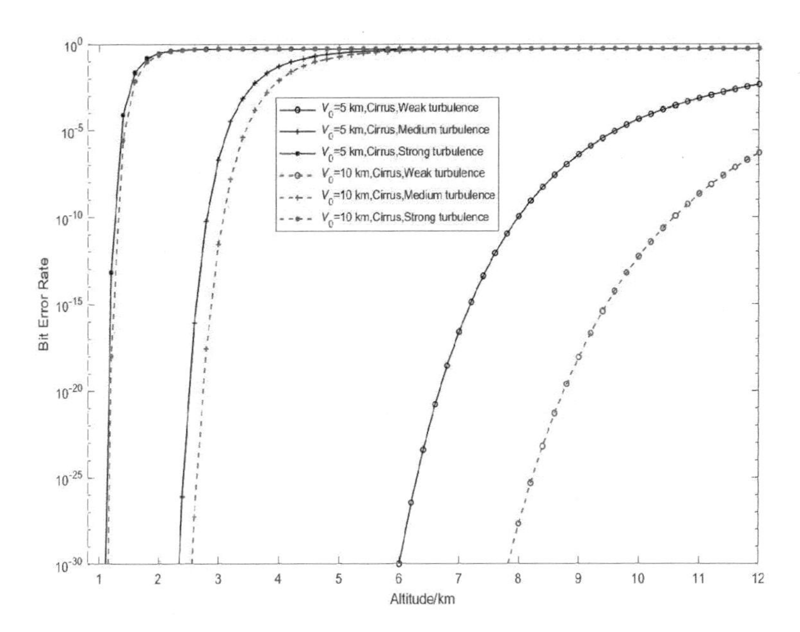

图3.5　在不同能见度和湍流强度条件下，误码率与海拔的关系（NRZ-OOK调制）

如图3.6所示，通信系统采用16-PPM调制方案，当大气环境为强湍流且海拔低于2.2 km时，误码率最大为3.6 × 10^{-6}；当大气环境为中等湍流且海拔低于5.2 km时，误码率最大为2.7 × 10^{-6}；当大气环境为弱湍流、海拔低于12 km且地面能见度为5 km时，误码率最大为4.06 × 10^{-105}，而当地面能见度为10 km时，误码率为0。

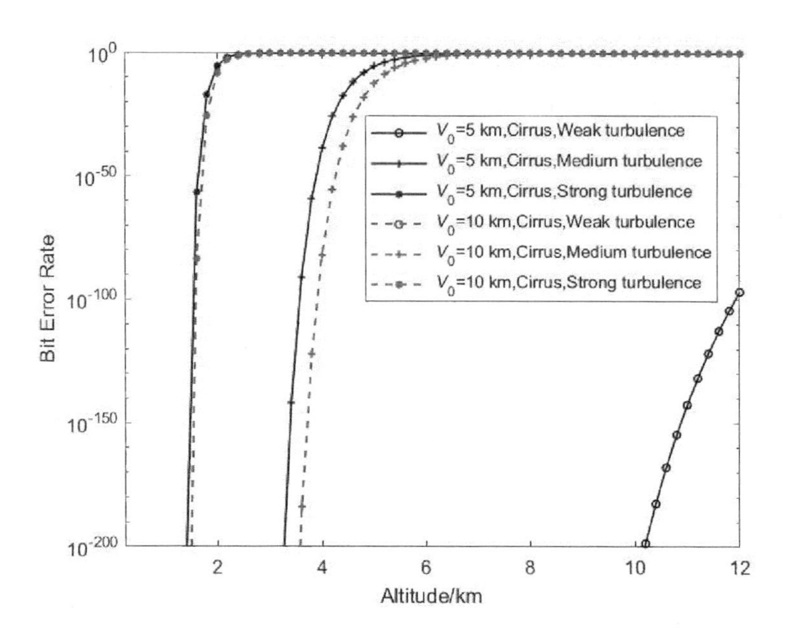

图 3.6　在不同能见度和湍流强度条件下，误码率与海拔的关系（L–PPM 调制）

三、本章小结

本章从接收光功率角度，综合雾、云、湍流、天空背景光功率、光束扩展、ATP的指向性误差等因素，推导出自由空间光通信系统的接收光功率、链路余量、可达数据率以及误码率等性能参数的数学表达式。

本章建立激光发射功率为2 W、运行波长为1 550 nm、斜程传输仰角为30°且海拔为12 km的空地通信链路模型，激光在大气通信链路中分别经历了最高海拔为5 km雾衰减、海拔为5 km ~ 10 km的云衰减以及整个链路中的湍流衰减，仿真分析了包括两种地面能见度（5 km和10 km）、云、三种湍流强度（弱湍流、中等湍流和强湍流）等六种复杂大气环境下的空地激光链路通信系统性能。仿真结果表明：

（1）空地激光链路通信系统受湍流影响明显，而中等浓度的雾对接收光功率的影响相对较弱；当湍流强度达到最大时，可以忽略不同能见度的中等浓度雾（地面能见度大于5 km时）对通信系统性能的影响差别。

（2）本章使用的通信系统在正常通信条件下数据传输率达到 10^{12} bit/s。

（3）本章使用的通信系统在链路余量大于30 dB时才能进行正常通信（误码率低于 10^{-7}）。

（4）在其他大气条件相同的情况下，当通信链路处于弱湍流大气环境中时，海拔为12 km的空地激光通信系统的性能较好；当通信链路处于中等湍流中，正常通信的海拔约为3.4 km；当通信链路处于强湍流中，正常通信的海拔约为1.5 km。

（5）与NRZ-OOK调制方案相比，当采用L-PPM调制方案时，通信传输距离和误码率性能都有显著提高。

（6）当大气环境为弱湍流、云、能见度大于5 km时，在整个斜程传输仰角为30°且海拔为12 km的链路上，L-PPM调制的系统误码率不高于 10^{-105} 量级，通信质量极佳。

第四章　不同时段湍流和不同光束发散角对FSO通信系统性能的影响

利用传输功率的方法可以综合所有可能的因素用于分析FSO通信系统性能，但缺点是不能体现出不同特性的光束对系统影响的差异。因此，越来越多的研究人员从统计分析的角度对FSO通信系统性能展开分析研究。FSO通信系统性能受光束扩展、指向性误差、湍流以及大气环境等因素的影响严重。Sandalidis等利用K湍流模型与指向性误差模型，分析了基于OOK调制和IM/DD检测方案的FSO通信系统的误码率性能[116]；Liu等利用Gamma-Gamma湍流模型与指向性误差模型，对FSO通信系统平均信道容量进行了分析和仿真[117]；Farid等建立Gamma-Gamma湍流和指向性误差联合信道模型，并分析FSO通信系统的性能[96,118]。

近年来，一种描述湍流的新广义统计模型被提出，即Málaga（M）湍流模型[46]。Jurado-Navas等利用M湍流模型与指向性误差模型，分析讨论了FSO通信系统的误码率性能[104]；Ansari等利用M湍流模型与指向性误差模型，重点分析了误码率、遍历容量以及中断概率等系统性能参数[119]；López-González等基于M湍流模型提出了一种新的误码率推导方法，并分析了FSO通信系统的误码率性能[106]；Alheadary等利用M湍流模型、指向性误差模型和Meijer-G函数，推导并分析了FSO通信系统的误码率的数学表达式[120]；Vellakudiyan等利用M湍流模型、指向性误差模型和Meijer-G函数，推导了自由光空间/射频（FSO/RF）通信系统的遍历平均信道容量数学表达式[121]；Ansari等利用M湍流模型、指向性误差模型和Meijer-G函数，分析得到了非对称混合自由光空间/射频通信系统的中断概率数学表达式[122]。

首先，本章建立了雾、M湍流、指向性误差的联合信道模型；其次，结合Meijer-G函数，推导出基于OOK调制和IM/DD检测方案的FSO通信系统的误码率、平均信道容量、中断概率的数学表达式；最后，仿真分析不同条件下误码率、平均信道容量、中断概率等系统性能参数随信噪比和光束发散角的变化情况。

一、联合信道模型分析

信道状态h的概率密度函数受大气环境h_1、大气湍流h_a以及指向性误差h_p等影响，表示为[96]

$$f_h(h)=\int f_{h|h_a}(h|h_a)\,f_a(h_a)\,\mathrm{d}h_a \tag{4.1}$$

式中，$f_{h|h_a}(h|h_a)$为给定湍流状态h_a情况下的条件概率，联立等式(2.31)，可得

$$f_{h|h_a}(h|h_a)=\frac{1}{h_a h_1}f_p\left(\frac{h}{h_a h_1}\right)=\frac{\chi^2}{A_0^{\chi^2}h_a h_1}\left(\frac{h}{h_a h_1}\right)^{\chi^2-1},\ 0\leqslant h\leqslant A_0 h_a h_1 \tag{4.2}$$

将等式（4.2）代入等式（4.1）中，可得

$$f_h(h)=\frac{\chi^2}{(A_0 h_1)^{\chi^2}}h^{\chi^2-1}\int_{h/A_0 h_1}^{\infty}h_a^{-\chi^2}f_{h_a}(h_a)\,\mathrm{d}h_a \tag{4.3}$$

将等式（2.20）代入等式（4.3）中，可得

$$f_h(h)=\frac{\chi^2}{(A_0h_1)^{\chi^2}}h^{\chi^2-1}\int_{h/A_0h_1}^{\infty}h_a^{-\chi^2}A\sum_{m=1}^{\beta_1}a_m h_a^{\frac{\alpha_1+m}{2}-1}K_{\alpha_1-m}\left(2\sqrt{\frac{\alpha_1\beta_1h_a}{g_1\beta_1+\Omega'}}\right)dh_a$$

$$=\frac{A\chi^2}{(A_0h_1)^{\chi^2}}h^{\chi^2-1}\sum_{m=1}^{\beta_1}a_m\int_{h/A_0h_1}^{\infty}h_a^{\frac{\alpha_1+m}{2}-1-\chi^2}K_{\alpha_1-m}\left(2\sqrt{\frac{\alpha_1\beta_1h_a}{g_1\beta_1+\Omega'}}\right)dh_a \tag{4.4}$$

第二类修正Bessel函数$K_{\alpha-m}(\cdot)$可以用Meijer-G函数的一种特殊情况来表示为

$$G_{0,2}^{2,0}(x|a,b)=2x^{(a+b)/2}K_{a-b}(2\sqrt{x}) \tag{4.5}$$

令$a=-b=(\alpha_1-m)/2$，并将等式（4.5）代入等式（4.4）中，可得

$$f_h(h)=\frac{A\chi^2}{2(A_0h_1)^{\chi^2}}h^{\chi^2-1}\sum_{m=1}^{\beta_1}a_m\int_{h/A_0h_1}^{\infty}h_a^{\frac{\alpha_1+m}{2}-1-\chi^2}\times$$

$$G_{0,2}^{2,0}\left(\frac{\alpha_1\beta_1h_a}{g_1\beta_1+\Omega'}\middle|\frac{\alpha_1-m}{2},-\frac{\alpha_1-m}{2}\right) \tag{4.6}$$

利用已有文献[123]中的公式对等式（4.6）进行变换，得到联合信道状态h的概率密度函数$f_h(h)$的数学表达式为[23]

$$f_h(h)=\frac{A\chi^2}{2}h^{-1}\sum_{m=1}^{\beta_1}a_m\left(\frac{\alpha_1\beta_1h_a}{g_1\beta_1+\Omega'}\right)^{\frac{\alpha_1+m}{2}}\times$$

$$G_{1,3}^{3,0}\left(\frac{\alpha_1\beta_1h_a}{g_1\beta_1+\Omega'}\frac{h}{h_1A_0}\middle|\begin{matrix}\chi^2+1\\\chi^2,\alpha_1,m\end{matrix}\right) \tag{4.7}$$

二、FSO通信系统性能分析

（一）误码率

采用OOK调制的IM/DD检测方案通信系统的误码率模型为

$$P_b(e)=p(1)\,p(e|1)+p(0)\,p(e|0) \tag{4.8}$$

式中，$p(1)$和$p(0)$分别为发送1和0比特的概率，$p(e|1)$和$p(e|0)$分别为发送1和0比特的错误概率。考虑到$p(1)=p(0)=1/2$且$p(e|1)=p(e|0)$，则关于信道状态h下的错误概率为[116]

$$P_b(e|h)=p(e|1,\ h)=p(e|0,\ h)=\mathrm{Q}\left(\frac{\sqrt{2}\,P_t hR}{\sigma_n}\right)=\frac{1}{2}\mathrm{erfc}\left(\frac{P_t hR}{\sigma_n}\right) \tag{4.9}$$

式中，$\mathrm{Q}(\cdot)$为Gaussian-Q函数，与误差补函数的关系满足$\mathrm{erfc}(x)=2\mathrm{Q}(\sqrt{2}\,x)$。根据$\mathrm{erfc}(\cdot)$与Meijer-G函数的关系，$\mathrm{erfc}(\sqrt{x})=\frac{1}{\sqrt{\pi}}\mathrm{G}_{1,\ 2}^{2,\ 0}\left[x\middle|\begin{matrix}1\\0,\ 1/2\end{matrix}\right]$，则有

$$P_b(e|h)=\frac{1}{2}\mathrm{erfc}\left(\frac{P_t hR}{\sigma_n}\right)=\frac{1}{2\sqrt{\pi}}\mathrm{G}_{1,\ 2}^{2,\ 0}\left[\left(\frac{P_t hR}{\sigma_n}\right)^2\middle|\begin{matrix}1\\0,\ 1/2\end{matrix}\right] \tag{4.10}$$

误码率（BER）为错误概率在信道状态h上的平均，即

$$P_b(e)=\int_0^{\infty}f_h(h)\,P_b(e|h)\,\mathrm{d}h \tag{4.11}$$

将等式（4.7）和等式（4.10）代入等式（4.11）中可得

$$P_{\mathrm{b}}(e)=\frac{A\chi^2}{4\sqrt{\pi}}\sum_{m=1}^{\beta_1}a_m\left(\frac{\alpha_1\beta_1}{g_1\beta_1+\Omega'}\right)^{-\frac{\alpha_1+m}{2}}\times$$

$$\int_0^{\infty}h^{-1}\,\mathrm{G}_{1,3}^{3,0}\left(\frac{\alpha_1\beta_1}{g_1\beta_1+\Omega'}\frac{h}{h_1A_0}\middle|\begin{matrix}\chi^2+1\\ \chi^2,\alpha_1,m\end{matrix}\right)\mathrm{G}_{1,2}^{2,0}\left[\left(\frac{P_{\mathrm{t}}hR}{\sigma_n}\right)^2\middle|\begin{matrix}1\\ 0,\ 1/2\end{matrix}\right]\mathrm{d}h \tag{4.12}$$

利用已有文献[123]中的公式对等式（4.12）进行变换，得到误码率的数学表达式为

$$P_{\mathrm{b}}(e)=\frac{2^{\alpha_1}A\chi^2}{32\pi\sqrt{\pi}}\left(\frac{g_1\beta_1+\Omega'}{\alpha_1\beta_1}\right)^{\frac{\alpha_1}{2}}\sum_{m=1}^{\beta_1}2^m a_m\left(\frac{g_1\beta_1+\Omega'}{\alpha_1\beta_1}\right)^{\frac{m}{2}}\times$$

$$\mathrm{G}_{7,\,4}^{2,\,6}\left(16A_0^2\left[\frac{(g_1\beta_1+\Omega')(P_{\mathrm{t}}h_1R)}{\alpha_1\beta_1\sigma_n}\right]^2\middle|\begin{matrix}\frac{1-\chi^2}{2},\ \frac{2-\chi^2}{2},\ \frac{1-\alpha_1}{2},\ \frac{2-\alpha_1}{2},\ \frac{1-m}{2},\ \frac{2-m}{2},\ 1\\ 0,\ \frac{1}{2},\ -\frac{\chi^2}{2},\ \frac{1-\chi^2}{2}\end{matrix}\right) \tag{4.13}$$

（二）平均信道容量

平均信道容量定义为发射机和接收机可靠通信的最大可达数据率，是一个随机变量。根据已有文献[117]，平均信道容量定义为

$$C=\int_0^{\infty}B\log_2[1+\gamma(h)]f_h(h)\,\mathrm{d}h \tag{4.14}$$

式中，B为带宽，FSO通信系统接收到的电瞬时信噪比SNR[96]为$\gamma(h)=h^2\bar{\gamma}$，且信噪比SNR为$\bar{\gamma}=2P_{\mathrm{t}}^2R^2/\sigma_n^2$。利用对数函数与

Meijer-G 函数的关系 $\log_2(1+x)=\frac{1}{\ln 2}G_{2,2}^{1,2}\left(x\left|\begin{matrix}1, & 1\\ 2, & 2\end{matrix}\right.\right)$，将等式（4.7）代入等式（4.14）中，可得

$$C=\frac{BA\chi^2}{2\ln 2}\sum_{m=1}^{\beta_1}a_m\left(\frac{\alpha_1\beta_1}{g_1\beta_1+\Omega'}\right)^{\frac{\alpha_1+m}{2}}\times$$

$$\int_0^{\infty}h^{-1}G_{1,3}^{3,0}\left(\frac{\alpha_1\beta_1}{g_1\beta_1+\Omega'}\frac{h}{h_1A_0}\left|\begin{matrix}\chi^2+1\\ \chi^2, \ \alpha_1, \ m\end{matrix}\right.\right)\times G_{2,2}^{1,2}\left[\left(\frac{2P_t^2h^2R^2}{\sigma_n^2}\right)^2\left|\begin{matrix}1, & 1\\ 1, & 0\end{matrix}\right.\right]dh \tag{4.15}$$

利用文献[123]中的公式对等式（4.15）进行变换，平均信道容量的数学表达式为

$$C=\frac{2^{\alpha_1}AB\chi^2}{16\pi\ln 2}\left(\frac{g_1\beta_1+\Omega'}{\alpha_1\beta_1}\right)^{\frac{\alpha_1}{2}}\sum_{m=1}^{\beta_1}2^m a_m\left(\frac{g_1\beta_1+\Omega'}{\alpha_1\beta_1}\right)^{\frac{m}{2}}\times$$

$$G_{8,4}^{1,8}\left(32A_0^2\left[\frac{(g_1\beta_1+\Omega')(P_th_1R)}{\alpha_1\beta_1\sigma_n}\right]^2\left|\begin{matrix}1, \ 1, \frac{1-\chi^2}{2}, \frac{2-\chi^2}{2}, \frac{1-\alpha_1}{2}, \frac{2-\alpha_1}{2}, \frac{1-m}{2}, \frac{2-m}{2}\\ 1, \ 0, \ -\frac{\chi^2}{2}, \frac{1-\chi^2}{2}\end{matrix}\right.\right) \tag{4.16}$$

（三）中断概率

中断概率是指系统误码率大于指定误码率的概率，或者系统的信噪比低于指定信噪比阈值的概率，因此信噪比 $\bar{\gamma}$ 和阈值 μ_{th} 的大小对系统中断概率有决定性影响，其表达式为[118, 124]

$$P_{out}=P\left(\bar{\gamma}\leqslant\mu_{th}\right)=P\left(\frac{2P_t^2h^2R^2}{\sigma_n^2}\leqslant\mu_{th}\right)$$

$$=P\left(h\leqslant\sqrt{\frac{\mu_{\mathrm{th}}\sigma_n^2}{2P_{\mathrm{t}}^2R^2}}\right)=\int_0^U f_h(h)\,\mathrm{d}h \tag{4.17}$$

式中，$U=\sqrt{\frac{\mu_{\mathrm{th}}\sigma_n^2}{2P_{\mathrm{t}}^2R^2}}=\sqrt{\frac{\mu_{\mathrm{th}}}{\bar{\gamma}}}$，为归一化判决阈值。将等式（4.7）代入等式（4.17）式中，可得

$$P_{\mathrm{out}}=\frac{A\chi^2}{2}\sum_{m=1}^{\beta_1}a_m\left(\frac{g_1\beta_1+\Omega'}{\alpha_1\beta_1}\right)^{\frac{\alpha_1+m}{2}}\times$$

$$\int_0^U h^{-1}\mathrm{G}_{1,3}^{3,0}\left(\frac{\alpha_1\beta_1 h}{(g_1\beta_1+\Omega')h_1A_0}\middle|\begin{matrix}\chi^2+1\\ \chi^2,\ \alpha_1,\ m\end{matrix}\right)^2\mathrm{d}h \tag{4.18}$$

利用文献[123]中的公式对等式（4.18）进行变换，得到中断概率的数学表达式为

$$P_{\mathrm{out}}=\frac{A\chi^2}{2}\left(\frac{g_1\beta_1+\Omega'}{\alpha_1\beta_1}\right)^{\frac{\alpha_1}{2}}\sum_{m=1}^{\beta_1}a_m\left(\frac{g_1\beta_1+\Omega'}{\alpha_1\beta_1}\right)^{\frac{m}{2}}\times$$

$$\mathrm{G}_{2,4}^{3,1}\left(\frac{\alpha_1\beta_1 U}{(g_1\beta_1+\Omega')h_1A_0}\middle|\begin{matrix}1,\ \chi^2+1\\ \chi^2,\ \alpha_1,\ m,\ 0\end{matrix}\right) \tag{4.19}$$

三、FSO通信系统性能仿真

本章建立了一条入射激光波长为1 550 nm、传输距离为1 km的地面FSO通信链路，考查不同天气条件下受指向性误差和湍流影响的误码率、系统容量、中断概率等系统性能。由文献[104]可知，实测清晨（6：45）、正午（12：00）、午夜（1：00）三个时段的大气折射率结构常数 C_n^2 分别为 $1.2\times10^{-14}\,\mathrm{m}^{-2/3}$、$2.8\times10^{-14}\,\mathrm{m}^{-2/3}$、$7.2\times10^{-15}\mathrm{m}^{-2/3}$。利用折射率结构常数可以求出对应的Rytov方差 $\sigma_{\mathrm{R}}^2=1.23C_n^2k^{7/6}L^{11/6}$，这里 $k=2\pi/\lambda$，σ_{R}^2 分别为0.52、

1.2、0.32。与不同时段湍流强度的Rytov方差相对应，M湍流模型中的参数分别为（$\alpha_1=10$，$\beta_1=5$，$\rho=0.75$）（$\alpha_1=10$，$\beta_1=5$，$\rho=0.25$）（$\alpha_1=10$，$\beta_1=5$，$\rho=0.75$，近似Gamma-Gamma分布）[104]，且$\Omega=0.5$，$b_0=0.25$，$\varphi_A-\varphi_B=\pi/2$。选择接收机平面半径$d_r$为5 cm，光束发散角$\theta=2\times10^{-4}$ rad，晴天大气溶胶作为天气因素能见度为20 km，湍流强度分别选择清晨、正午和午夜对应的湍流强度，抖动标准差σ_s/d_r分别选择1和2，仿真得到误码率BER、平均信道容量C/B和中断概率与信噪比SNR（或归一化判决阈值U）之间的关系（图4.1、图4.3、图4.5）。选择激光发射功率$P_t=10$ mW，探测器灵敏度$R=0.9$ A/W，加性高斯白噪声的方差$\sigma_n^2=10^{-14}$（或归一化判决阈值$U=-30$ dB）；选择午夜湍流强度，抖动标准差σ_s/d_r分别选择1、2和4，能见度分别选择20 km和5 km，仿真得到误码率BER、平均信道容量C/B和中断概率与光束发散角θ之间的关系（图4.2、图4.4、图4.6）。

在大气能见度为20 km的条件下（图4.1），当抖动标准差σ_s/d_r为1时，误码率受湍流强度影响明显，随着湍流强度的减小，误码率也减小，午夜时的湍流强度最小，此时误码率小于10^{-6}。当抖动标准差σ_s/d_r为2时，此时最小误码率在10^{-2}左右，随着湍流强度的减小，误码率也减小，但减小的幅度不大。由图4.2可以看出，当系统参数不变时，随着光束发散角的变化（$0.05\times10^{-3}\sim1\times10^{-3}$ rad），误码率也随之变化；当σ_s/d_r为1时，光束发散角不存在极值，光束发散角越小则误码率越低；当σ_s/d_r为2，光束发散角大于0.1×10^{-3} rad时，存在极小值点，即$\theta=0.3\times10^{-3}$ rad时，误码率达到最小值，约为10^{-10}；当σ_s/d_r为4，光束发散角大于0.1×10^{-3} rad时，存在极小值点，

即 $\theta = 0.7 \times 10^{-3}$ rad时，误码率达到最小值，约为10^{-9}。同时发现能见度对图4.2中BER曲线的影响不大，且在其他参数不变的情况下，不同能见度的曲线变化基本一致；然而当光束发散角和抖动均增大时，不同能见度的误码率曲线开始分离，也就是说光束发散角越小，对雾衰减的改善效果越明显；σ_s / d_r的变化对曲线的变化和极值点影响较大，σ_s / d_r越大，误码率为极值点时的θ值越大。

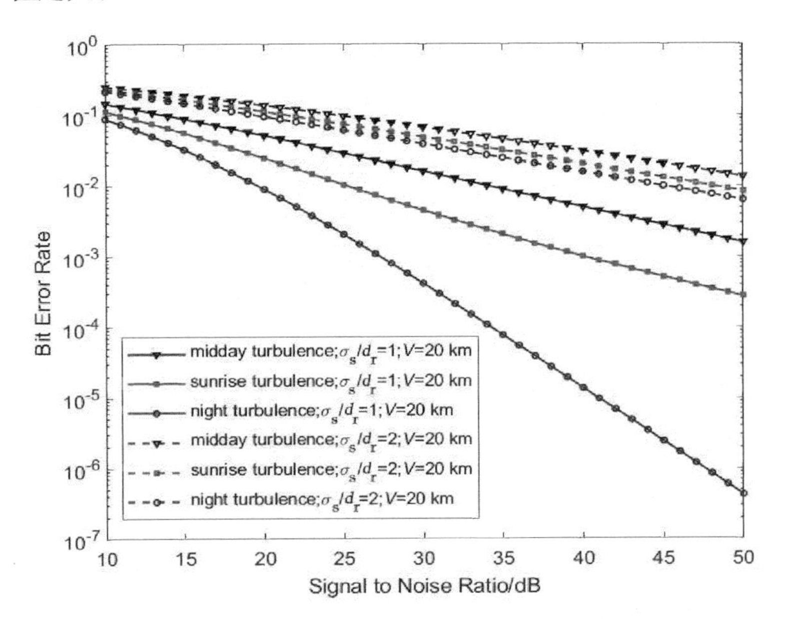

图4.1　当$V=20$ km时，不同时段湍流和指向性误差对系统误码率性能的影响

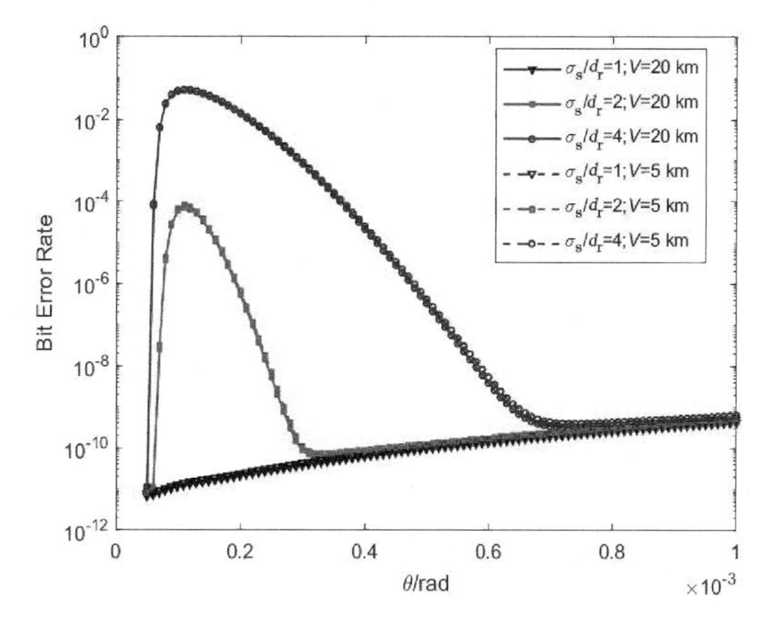

图4.2　当采用午夜湍流强度时，不同指向性误差和能见度对系统误码率的影响

在大气能见度为20 km的条件下（图4.3），随着信噪比SNR的增加，平均信道容量C/B也会明显增加；抖动标准差σ_s/d_r的变化对平均信道容量的影响较大，湍流强度变化则对C/B的值影响不大；$\sigma_s/d_r=1$，最大信噪比为50 dB且选择午夜湍流强度时，C/B的值最大能达到15 bit/（s·Hz）；$\sigma_s/d_r=2$，最大信噪比为50 dB且选择正午湍流强度时，C/B的值最大能达到12 bit/（s·Hz）。由图4.4可以看出，当系统参数不变时，随着光束发散角的变化（$0.05\times10^{-3}\sim1\times10^{-3}$ rad），平均信道容量也随之变化；当σ_s/d_r为1时，光束发散角不存在极值，光束发散角越小则C/B的值越大；当σ_s/d_r为2时，光束发散角不存在极值，光束发散角越小则C/B的值越大，但光束发散角在$0.1\times10^{-3}\sim0.2\times10^{-3}$ rad时，C/B的值存在平稳区；当σ_s/d_r为4，光束发散角在$0.05\times10^{-3}\sim0.2\times10^{-3}$ rad时，C/B的值存在极小值点，而当光束发散角在0.2 × 10^{-3}~1 × 10^{-3} rad时，C/B的值存在极大值点，即θ=0.35 × 10^{-3} rad时，C/B的值约为$10^{1.39}$ bit/（s·Hz）。从图4.4还可以看出，晴空大气环境下低浓度雾对该曲线的影响不大，且在其他参数不变的情况下，不同能见度的曲线差异较小且变化趋势一致，σ_s/d_r越小，C/B的值越大。

在大气能见度为20 km的条件下（图4.5），随着归一化判决阈值U的增加，中断概率也会明显增加，当U为0时，中断概率达到1；当σ_s/d_r=1时，湍流强度对中断概率的影响非常明显，而当σ_s/d_r增大为2时，湍流强度对中断概率的影响较小，且随着湍流强度的增加，中断概率增大。由图4.6可以看出，当采用夜间湍流强度且其他系统参数不变时，随着光束发散角的变化（0.05 × 10^{-3}~1 × 10^{-3} rad），中断概率也发生变化；当光束发散角在0.05 × 10^{-3}~0.15 × 10^{-3} rad时，对于不同的σ_s/d_r，中断概率均存在极大值点；当光束发散角在0.15 × 10^{-3}~1 × 10^{-3} rad时，对于不同的σ_s/d_r，中断概率曲线均存在极小值点。当σ_s/d_r为1且θ=0.16 × 10^{-3} rad时，中断概率达到极小值，约为$10^{-7.8}$；当σ_s/d_r为2且θ=0.4 × 10^{-3} rad时，中断概率达到极小值，约为10^{-6}；当σ_s/d_r为4且θ=0.8 × 10^{-3} rad时，中断概率达到极小值，约为10^{-4}。从图4.6还可以看出，低浓度雾对该曲线的影响不大，在其他参数不变的情况下，不同能见度的曲线差异较小且变化趋势基本一致；σ_s/d_r值越小，中断概率越小，且中断概率为极小值时，光束发散角θ也取得极小值。

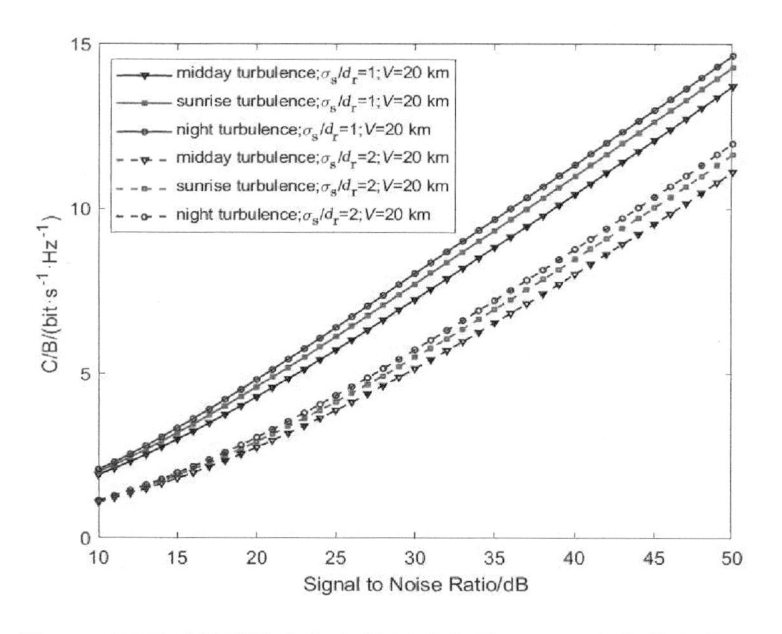

图4.3　不同时段湍流和指向性误差条件下，平均信道容量C/B随信噪比的变化

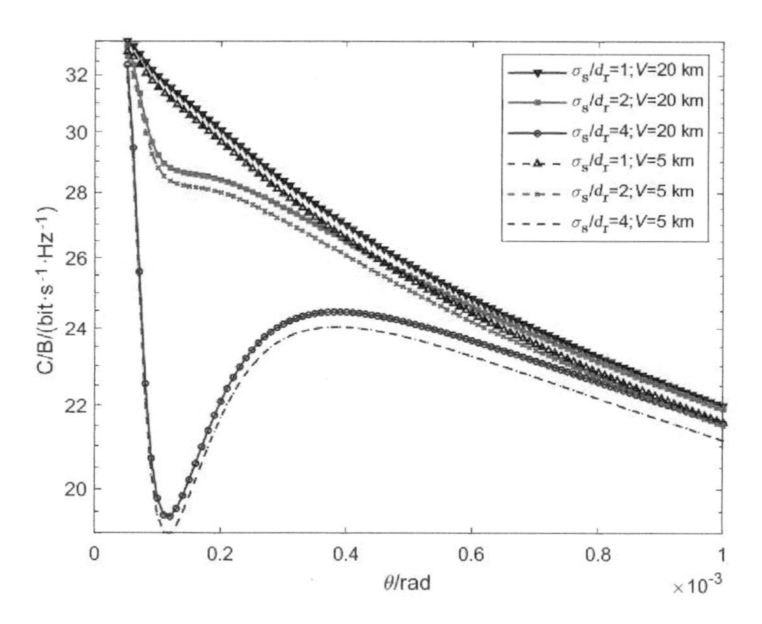

图4.4　不同指向性误差和能见度条件下，平均信道容量C/B随光束发散角的变化

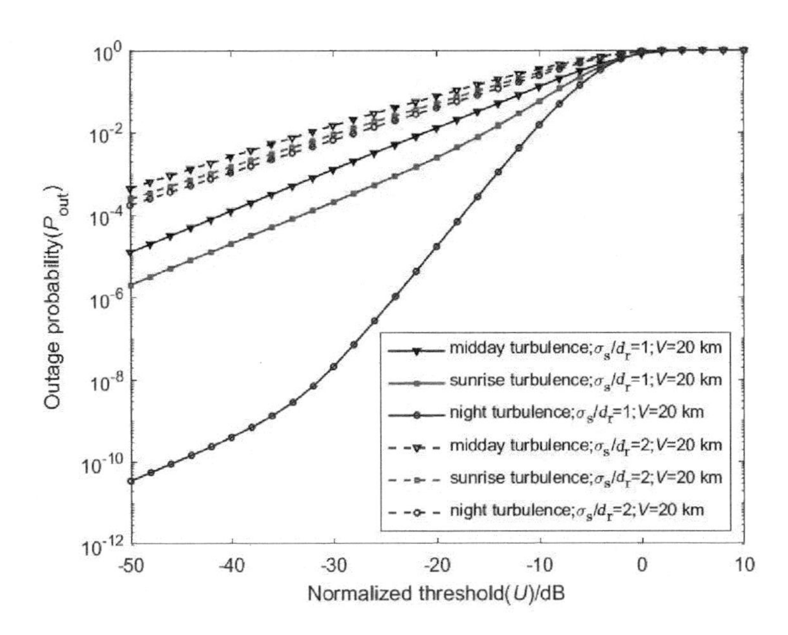

图4.5　不同时段和指向性误差条件下，中断概率随归一化判决阈值的变化

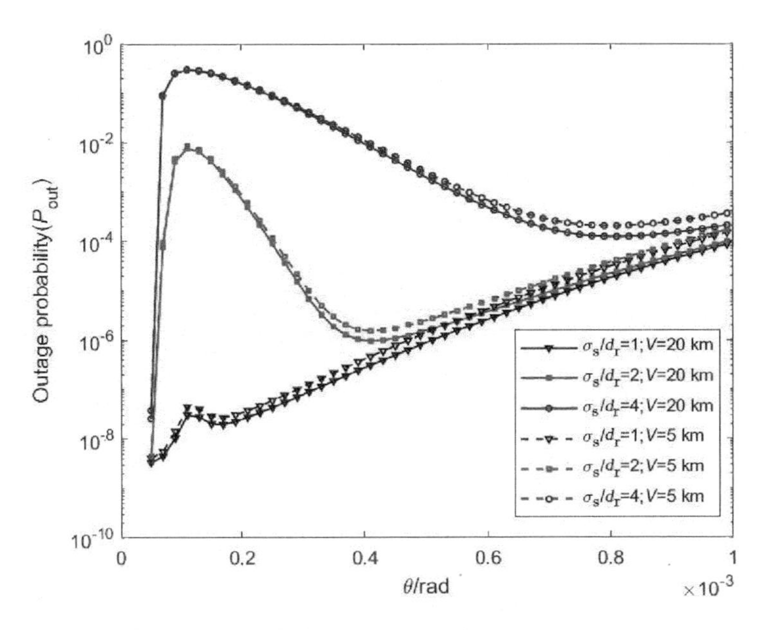

图4.6　不同指向性误差和能见度条件下，中断概率随光束发散角的变化

四、本章小结

本章通过天气因素、M湍流以及指向性误差建立联合信道模型，并利用Meijer-G函数推导出FSO通信系统的误码率、平均信道容量、中断概率等性能参数的数学表达式。仿真发现：在抖动标准差较小时，不同湍流强度对通信系统的各性能参数影响较大；抖动标准差较大时，不同湍流强度对通信系统的各性能参数影响较小；光束发散角越小，越能改善雾造成的衰减。当光束发散角大于0.15×10^{-3} rad时，光束发散角存在极值使得通信系统性能参数达到最优；抖动程度越强，极值点对应的光束发散角越大。

第五章　孔径平均效应对FSO通信系统性能的影响

孔径平均效应是一种提升自由空间光通信系统性能的常见技术。近年来，由于Exponential Weibull （EW）湍流分布对有限孔径的辐照度波动具有很好的拟合效果且适用于由弱到强变化的湍流，因此被广泛用于分析孔径平均效应对FSO通信系统的影响。Barrios等利用Meijer-G函数得到EW湍流条件下系统误码率的数学数学表达式[125]；Yi等对EW湍流和指向性误差信道进行建模，利用Meijer-G函数推导中断概率的表达式，且利用H函数推导误码率的表达式，最后分析在弱湍流和中等湍流条件下，接收机孔径对780 nm传输波长的通信系统性能参数的影响[126]；Cheng等利用Meijer-G函数推导Non-Kolmogorov湍流统计规律的EW湍流和指向性误差信道下平均信道容量的表达式[127]。

首先，本章给出联合大气环境、EW湍流模型、零视轴指向性误差的系统与信道模型，推导出联合雾、湍流以及指向性误差的联合信道模型；其次，对于OOK调制的IM/DD自由空间光通信系统，利用H函数分别得到误码率和平均信道容量的表达式；再次，利用Meijer-G函数得到中断概率的表达式；最后，通过仿真分析在弱、中等、强湍流和不同能见度条件下，孔径平均效应和抖动标准差对 1 550 nm 传输波长通信系统性能的影响。

一、联合信道模型分析

信道状态 h 的概率密度函数PDF联合了大气环境 h_l、湍流 h_a 以及指向性误差 h_p 等影响，表示为

$$f_h(h) = \int f_{h|h_a}(h|h_a) f_{h_a}(h_a)\,\mathrm{d}h_a \tag{5.1}$$

其中，条件概率 $f_{h|h_a}\left(h|h_a\right)$ 联立等式（2.31），可得

$$f_{h|h_a}(h|h_a) = \frac{1}{h_a h_l} f_{h_p}\left(\frac{h}{h_a h_l}\right) = \frac{\chi^2}{A_0^{\chi^2} h_a h_l}\left(\frac{h}{h_a h_l}\right)^{\chi^2 - 1},\quad 0 \leqslant h \leqslant A_0 h_a h_l \tag{5.2}$$

将等式（2.23）和等式（5.2）代入等式（5.1）中，可得

$$f_h(h) = \frac{\chi^2 \alpha_2 \beta_2}{(A_0 h_l)^{\chi^2} \eta^{\beta_2}} h^{\chi^2 - 1} \int_{h/A_0 h_l}^{\infty} \left(h_a\right)^{\beta_2 - \chi^2 - 1} \times \exp\left[-\left(\frac{h_a}{\eta}\right)^{\beta_2}\right]\left\{1 - \exp\left[-\left(\frac{h_a}{\eta}\right)^{\beta_2}\right]\right\}^{\alpha_2 - 1} \mathrm{d}h_a \tag{5.3}$$

利用牛顿广义二项式定理 $(1+z)^r = \sum_{j=0}^{\infty}\left(\Gamma(r+1)z^j/j!\Gamma(r-j+1)\right)$ 和上界不完全Gamma函数 $\Gamma(a,\ z) = \int_z^{\infty} e^{-t} t^{a-1}\,\mathrm{d}t$ [127]，等式（5.3）被展开为

第五章　孔径平均效应对FSO通信系统性能的影响

$$
\begin{aligned}
&f_h(h)= \\
&\frac{\chi^2\alpha_2\beta_2}{(A_0h_1)^{\chi^2}\eta^{\beta_2}}h^{\chi^2-1}\int_{h/A_0h_1}^{\infty}\left(h_a\right)^{\beta_2-\chi^2-1}\exp\left[-\left(\frac{h_a}{\eta}\right)^{\beta_2}\right]\left\{1-\exp\left[-\left(\frac{h_a}{\eta}\right)^{\beta_2}\right]\right\}^{\alpha_2-1}\mathrm{d}h_a \\
&=\frac{\chi^2\alpha_2\beta_2}{(A_0h_1)^{\chi^2}\eta^{\beta_2}}h^{\chi^2-1}\sum_{j=0}^{\infty}\frac{(-1)^j\Gamma(\alpha_2)}{j!\Gamma(\alpha_2-j)}\int_{h/A_0h_1}^{\infty}\left(h_a\right)^{\beta_2-\chi^2-1}\exp\left[-(j+1)\left(\frac{h_a}{\eta}\right)^{\beta_2}\right]\mathrm{d}h_a \\
&=\frac{\chi^2\alpha_2}{(A_0h_1\eta)^{\chi^2}}h^{\chi^2-1}\sum_{j=0}^{\infty}\frac{(-1)^j\Gamma(\alpha_2)}{j!\Gamma(\alpha_2-j)(1+j)^{1-\frac{\chi^2}{\beta_2}}}\Gamma\left(1-\frac{\chi^2}{\beta_2},(1+j)\left(\frac{h}{A_0h_1\eta}\right)^{\beta_2}\right)
\end{aligned}
\tag{5.4}
$$

Gamma函数与Meijer-G函数的关系式为

$$
\Gamma(a,\ z)=\mathrm{G}_{1,\ 2}^{2,\ 0}\left(z\,\middle|\,\begin{matrix}1\\0,\ a\end{matrix}\right) \tag{5.5}
$$

利用等式（5.5）对等式（5.4）进行变换，得

$$
f_h(h)=\frac{\chi^2\alpha_2}{(A_0h_1\eta)^{\chi^2}}h^{\chi^2-1}\sum_{j=0}^{\infty}\frac{(-1)^j\Gamma(\alpha_2)}{j!\Gamma(\alpha_2-j)(1+j)^{1-\frac{\chi^2}{\beta_2}}}\times
$$

$$
\mathrm{G}_{1,\ 2}^{2,\ 0}\left((1+j)\left(\frac{h}{A_0h_1\eta}\right)^{\beta_2}\,\middle|\,\begin{matrix}1\\0,\ 1-\dfrac{\chi^2}{\beta_2}\end{matrix}\right) \tag{5.6}
$$

二、FSO通信系统性能分析

（一）误码率

采用OOK调制的IM/DD通信系统模型时，误码率BER为错误概率在信道状态h上的平均值[116]，即

$$
P_b(e)=\int_0^{\infty}f_h(h)P_b(e|h)\mathrm{d}h \tag{5.7}
$$

将等式（4.10）和等式（5.6）代入等式（5.7）中，可得

$$P_{\mathrm{b}}(e)=\frac{\chi^2\alpha_2}{2\sqrt{\pi}\,(A_0h_1\eta)^{\chi^2}}\sum_{j=0}^{\infty}\frac{(-1)^j\Gamma(\alpha_2)}{j!\Gamma(\alpha_2-j)(1+j)^{1-\frac{\chi^2}{\beta_2}}}\int_0^{\infty}h^{\chi^2-1}\times$$

$$\mathrm{G}_{1,\,2}^{2,\,0}\left((1+j)\left(\frac{h}{A_0h_1\eta}\right)^{\beta_2}\middle|\begin{matrix}1\\0,\ 1-\dfrac{\chi^2}{\beta_2}\end{matrix}\right)\mathrm{G}_{1,\,2}^{2,\,0}\left[\left(\frac{P_{\mathrm{t}}hR}{\sigma_n}\right)^2\middle|\begin{matrix}1\\0,\ 1/2\end{matrix}\right]\mathrm{d}h \tag{5.8}$$

利用已有文献[123]中的公式对等式（5.8）进行变换（变量替换$y=h^2$），得到误码率的表达式为

$$P_{\mathrm{b}}(e)=\frac{\chi^2\alpha_2}{4\sqrt{\pi}}\left(\frac{\sigma_n}{P_{\mathrm{t}}RA_0h_1\eta}\right)^{\chi^2}\sum_{j=0}^{\infty}\frac{(-1)^j\Gamma(\alpha_2)}{j!\ \Gamma(\alpha_2-j)(1+j)^{1-\frac{\chi^2}{\beta_2}}}\times$$

$$\mathrm{H}_{3,\,3}^{2,\,2}\left[(1+j)\left(\frac{\sigma_n}{P_{\mathrm{t}}RA_0h_1\eta}\right)^{\beta_2}\middle|\begin{matrix}(1-\frac{\chi^2}{2},\ \frac{\beta_2}{2}),\ (\frac{1}{2}-\frac{\chi^2}{2},\ \frac{\beta_2}{2}),\ (1,\ 1)\\(0,\ 1),\ (1-\frac{\chi^2}{\beta_2},\ 1),\ (-\frac{\chi^2}{2},\ \frac{\beta_2}{2})\end{matrix}\right] \tag{5.9}$$

（二）平均信道容量

平均信道容量的定义是发射机和接收机可靠通信的最大可达数据率。根据已有文献[117]，平均信道容量定义为

$$C=\int_0^{\infty}B\log_2\bigl(1+\gamma(h)\bigr)f_h(h)\mathrm{d}h \tag{5.10}$$

这里，B为带宽，FSO通信系统接收到的瞬时信噪比SNR为$\gamma(h)=h^2\overline{\gamma}$，且信噪比$\overline{\gamma}=2P_{\mathrm{t}}^2R^2/\sigma_n^2$。利用对数函数与Meijer-G函数的关系$\log_2(1+x)=\frac{1}{\ln 2}\mathrm{G}_{2,\,2}^{1,\,2}\left(x\middle|\begin{matrix}1,\ 1\\1,\ 0\end{matrix}\right)$，并将等式（5.6）代入等式（5.10）中，可得

$$C=\frac{B}{\ln 2}\frac{\chi^2\alpha_2}{(A_0h_1\eta)^{\chi^2}}\sum_{j=0}^{\infty}\frac{(-1)^j\Gamma(\alpha_2)}{j!\Gamma(\alpha_2-j)(1+j)^{1-\frac{\chi^2}{\beta_2}}}\int_0^{\infty}h^{\chi^2-1}\times$$

$$\mathrm{G}_{1,2}^{2,0}\left((1+j)\left(\frac{h}{A_0h_1\eta}\right)^{\beta_2}\middle|\begin{matrix}1\\0,\ 1-\frac{\chi^2}{\beta_2}\end{matrix}\right)\mathrm{G}_{2,2}^{1,2}\left(\frac{2P_t^2h^2R^2}{\sigma_n^2}\middle|\begin{matrix}1,\ 1\\1,\ 0\end{matrix}\right)\mathrm{d}h$$

（5.11）

利用已有文献[123]中的公式对等式（5.11）进行变换（变量替换$y=h^2$），得到平均信道容量的表达式为

$$C=\frac{B\chi^2\alpha_2}{2\ln 2}\left(\frac{\sigma_n}{\sqrt{2}P_tRA_0h_1\eta}\right)^{\chi^2}\sum_{j=0}^{\infty}\frac{(-1)^j\Gamma(\alpha_2)}{j!\Gamma(\alpha_2-j)(1+j)^{1-\frac{\chi^2}{\beta_2}}}\times$$

$$\mathrm{H}_{3,4}^{4,1}\left((1+j)\left(\frac{\sigma_n}{\sqrt{2}P_tRA_0h_1\eta}\right)^{\beta_2}\middle|\begin{matrix}(-\frac{\chi^2}{2},\frac{\beta_2}{2}),(1-\frac{\chi^2}{2},\frac{\beta_2}{2}),(1,\ 1)\\(0,1),(1-\frac{\chi^2}{\beta_2},1),(-\frac{\chi^2}{2},\frac{\beta_2}{2}),(-\frac{\chi^2}{2},\frac{\beta_2}{2})\end{matrix}\right)$$

（5.12）

（三）中断概率

中断概率是指系统误码率大于指定误码率的概率，或者系统的信噪比低于指定信噪比阈值时的概率，因此信噪比$\bar{\gamma}$和阈值μ_{th}的大小对系统中断概率有决定性影响，其表达式为[118]

$$P_{\mathrm{out}}=P(\bar{\gamma}\leqslant\mu_{\mathrm{th}})=P(\frac{2P_t^2h^2R^2}{\sigma_n^2}\leqslant\mu_{\mathrm{th}})=P(h\leqslant\sqrt{\frac{\mu_{\mathrm{th}}\sigma_n^2}{2P_t^2R^2}})=\int_0^U f_h(h)\mathrm{d}h$$

（5.13）

这里，$U=\sqrt{\frac{\mu_{\mathrm{th}}\sigma_n^2}{2P_t^2R^2}}=\sqrt{\frac{\mu_{\mathrm{th}}}{\bar{\gamma}}}$，为归一化判决阈值。将等式（5.6）代入等式（5.13）中，则有

$$P_{\mathrm{out}}=\frac{\chi^2\alpha_2}{(A_0h_1\eta)^{\chi^2}}\sum_{j=0}^{\infty}\frac{(-1)^j\Gamma(\alpha_2)}{j!\Gamma(\alpha_2-j)(1+j)^{1-\frac{\chi^2}{\beta_2}}}\times$$

$$\int_0^U h^{\chi^2-1}\mathrm{G}_{1,\,2}^{2,\,0}\left((1+j)\left(\frac{h}{A_0h_1\eta}\right)^{\beta_2}\middle|\begin{matrix}1\\0,\ 1-\dfrac{\chi^2}{\beta_2}\end{matrix}\right)\mathrm{d}h \tag{5.14}$$

利用文献[128]中的公式对等式（5.14）进行变换，可得到中断概率表达式

$$P_{\mathrm{out}}=\frac{\chi^2\alpha}{\beta}\left(\frac{U}{A_0h_1\eta}\right)^{\chi^2}\sum_{j=0}^{\infty}\frac{(-1)^j\Gamma(\alpha)}{j!\Gamma(\alpha-j)(1+j)^{1-\frac{\chi^2}{\beta}}}\times$$

$$\mathrm{G}_{2,\,3}^{2,\,1}\left((1+j)\left(\frac{U}{A_0h_1\eta}\right)^{\beta}\middle|\begin{matrix}1-\dfrac{\chi^2}{\beta},\ 1\\0,\ 1-\dfrac{\chi^2}{\beta},\ -\dfrac{\chi^2}{\beta}\end{matrix}\right) \tag{5.15}$$

三、FSO通信系统性能仿真

建立一个传输波长为1 550 nm、光束发散角 θ =74 μrad [126]、通信链路长度为1 km的水平FSO通信系统仿真平台。由于光源、传输距离、光束发散角以及接收机平面光束尺寸等因素造成光束展宽，本章分析中入射光源可以利用球面波，因为球面波能很好地近似高斯光束特性。为了估计孔径平均效应对FSO通信系统性能的影响，接收机孔径直径 D 分别选择 5 mm、15 mm 以及 30 mm。孔径平均因子 $A_A=\{1+0.333[kD^2/(4Z_{\mathrm{atm}})]^{5/6}\}^{-7/5}$ 表征了孔径平均效应的强弱程度[129]，当其他条件相同且 A_A 越小时，说

明孔径平均效应越明显。对于球面波光束而言，大气相干长度可以由$\rho_0=(0.55C_n^2k^2Z_{\mathrm{atm}})^{-3/5}$得到。根据等式2.24～2.30，当通信链路长度为1 km时，可以分别得到不同湍流强度下的大气湍流模型参数，如表5.1所示。

表5.1　由折射率结构常数与接收机孔径得到的不同湍流强度下的大气湍流模型参数

湍流类型	选定参数		湍流参数与孔径平均因子				EW湍流参数		
	C_n^2/m$^{-2/3}$	D/mm	σ_R^2	σ_I^2	ρ_0/mm	A_A	α_2	β_2	η
弱湍流	7.2×10^{-15}	5	0.14	0.058 0	81.65	0.978 6	3.16	2.59	0.82
		15	0.14	0.052 2	81.65	0.878 3	3.04	2.78	0.84
		30	0.14	0.040 2	81.65	0.686 4	2.78	3.31	0.88
中等湍流	5.0×10^{-14}	5	1.0	0.386 8	25.53	0.978 6	5.22	0.84	0.36
		15	1.0	0.338 9	25.53	0.878 3	5.09	0.90	0.39
		30	1.0	0.251 5	25.53	0.686 4	4.78	1.06	0.47
强湍流	3.6×10^{-13}	5	7.17	1.569 9	7.81	0.978 6	5.97	0.46	0.11
		15	7.17	1.081 8	7.81	0.878 3	5.91	0.53	0.15
		30	7.17	0.687 5	7.81	0.686 4	5.68	0.64	0.23

选择抖动标准差$\sigma_s=12$ mm，对于接收机孔径直径D分别选择5 mm、15 mm以及30 mm情况下，孔径平均因子A_A分别为0.978 6、0.878 3、0.686 4。在弱湍流条件下，接收机孔径直径与大气相干长度之比D/ρ_0分别为0.06、0.18、0.37；在中等湍流条

件下，D/ρ_0分别为0.19、0.58、1.17；在强湍流条件下，D/ρ_0分别为0.64、1.92、3.84。

对比图5.1、图5.2和图5.3，不难看出当信噪比SNR小于10 dB时，无论在何种信道和接收机孔径直径下，误码率BER几乎一致；当信噪比SNR大于10 dB小于20 dB时，接收机孔径直径为30 mm的接收机所接收信号的误码率BER迅速减小；当信噪比SNR大于20 dB小于40 dB时，接收机孔径直径为15 mm的接收机所接收信号的误码率BER迅速减小；当信噪比SNR大于40 dB时，接收机孔径直径为5 mm的接收机所接收信号的误码率BER迅速减小。出现上述现象是因为误码率随信噪比变化曲线受接收机孔径直径的影响较大。在湍流强度不变时，接收机孔径直径越大，孔径平均因子A_A越小，则孔径平均效应越明显，误码率下降的幅度越大，且使误码率显著下降的信噪比取值越小。

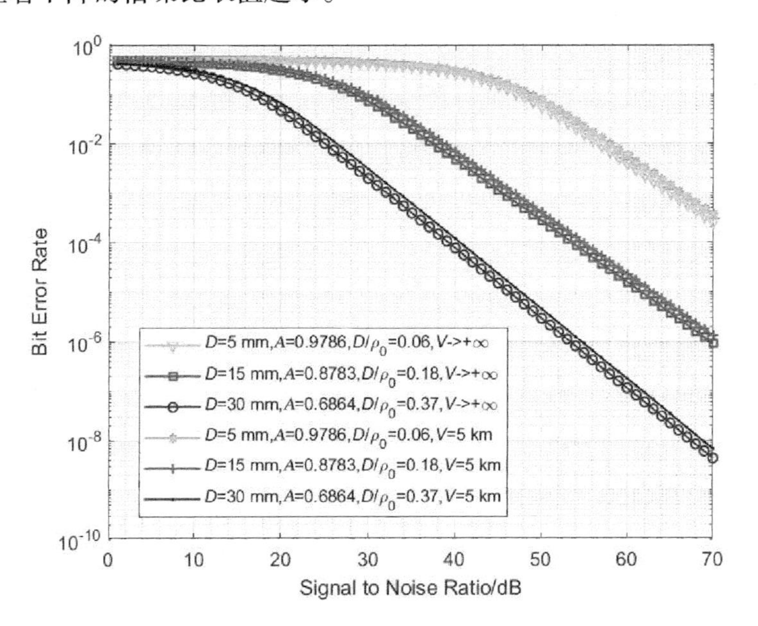

图5.1　在弱湍流且σ_s = 12 mm时，不同接收机孔径直径和不同能见度条件下，误码率随信噪比的变化

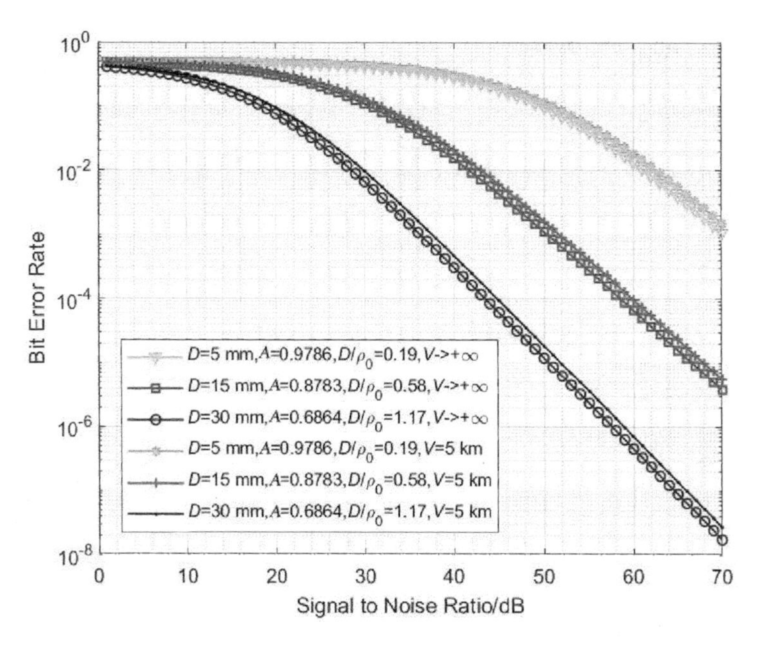

图5.2　在中等湍流且$\sigma_s = 12\ \text{mm}$时，不同接收机孔径直径和不同能见度条件下，误码率随信噪比的变化

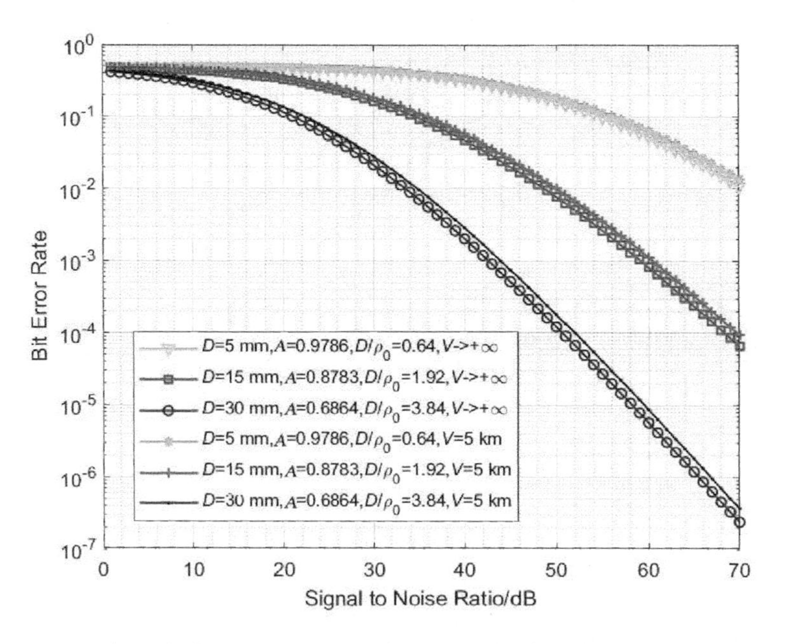

图5.3　在强湍流且$\sigma_s = 12\ \text{mm}$时，不同接收机孔径直径和不同能见度条件下，误码率随信噪比的变化

由图5.1、图5.2和图5.3可知，在相同湍流、相同抖动和不同接收机孔径直径条件下，D/ρ_0越大则误码率越小，这是因为在相同湍流中，大气相干长度ρ_0不变，而接收机孔径直径D越大，则孔径平均效应越明显；而在相同抖动、相同接收机孔径直径、不同湍流条件下，D/ρ_0越小则误码率越小，这是因为接收机孔径直径D不变，湍流强度越小，大气相干长度越大，湍流对系统性能的影响就越小。另外，在接收机孔径直径、湍流强度和抖动都一样的情况下，不同能见度的中轻度雾对误码率的影响差异较小。

对比图5.4、图5.5和图5.6，不难看出当信噪比SNR小于10 dB时，无论在何种信道容量和接收机孔径直径下，平均信道容量C/B几乎一致；当信噪比SNR大于10 dB小于20 dB，接收机孔径直径为30 mm时，平均信道容量C/B迅速增大；当信噪比SNR大于20 dB小于40 dB，接收机孔径直径为15 mm时，平均信道容量C/B迅速增大；当信噪比SNR大于40 dB，接收机孔径直径为5 mm时，平均信道容量C/B迅速增大。这是因为平均信道容量C/B随信噪比变化曲线受接收机孔径直径的影响较大。在湍流强度不变时，接收机孔径直径越大，孔径平均因子A_A越小，则孔径平均效应越明显，平均信道容量C/B上升的幅度越大，且此时使平均信道容量C/B显著上升的信噪比数值越小。

由图5.4、图5.5和图5.6可知，在相同湍流、相同抖动、不同接收机孔径直径条件下，D/ρ_0越大则平均信道容量C/B越大；而在相同抖动、相同接收机孔径直径、不同湍流条件下，D/ρ_0越小则平均信道容量C/B越大。另外，在接收机孔径直径、湍流强度和抖动都一样的情况下，不同能见度的中轻度雾对平均信道容量C/B的影响差异较小。

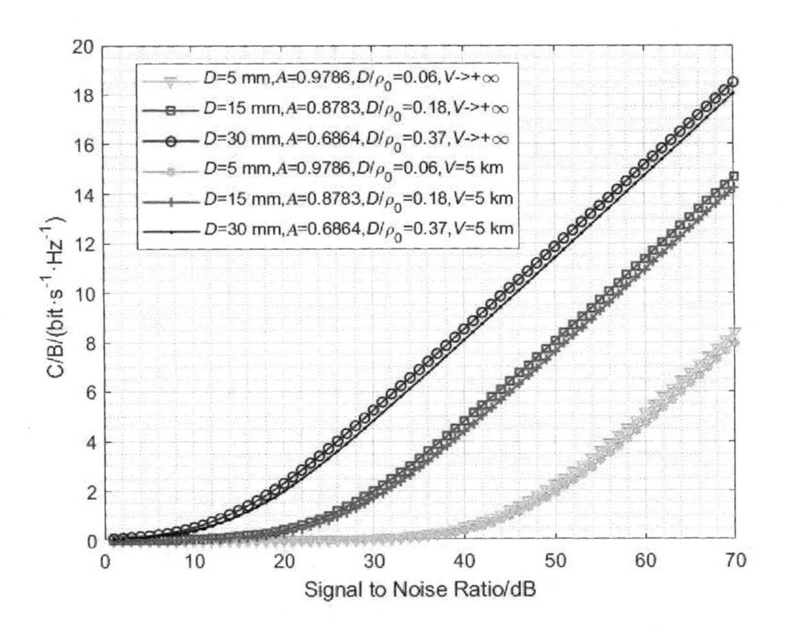

图5.4　在弱湍流且σ_s = 12 mm时，对于不同接收机孔径直径和不同能见度条件下，平均信道容量随信噪比的变化

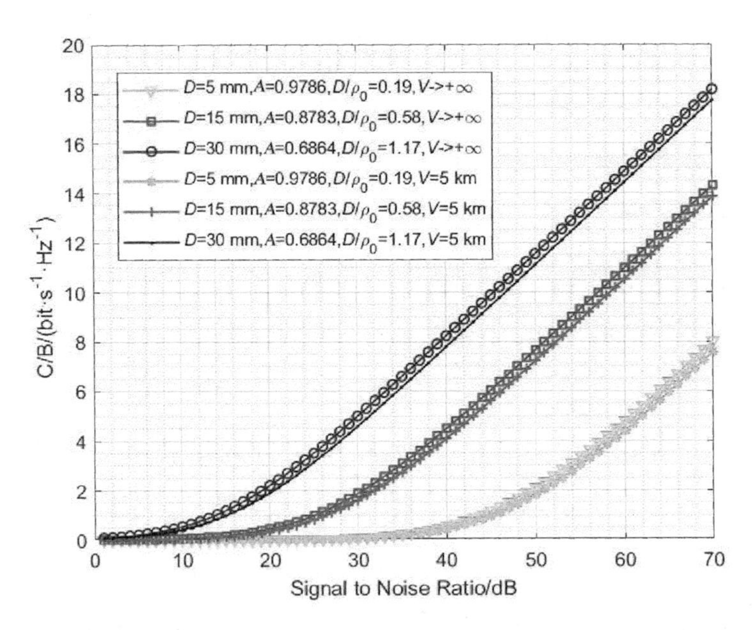

图5.5　在中等湍流且σ_s = 12 mm时，对于不同接收机孔径直径和不同能见度条件下，平均信道容量随信噪比的变化

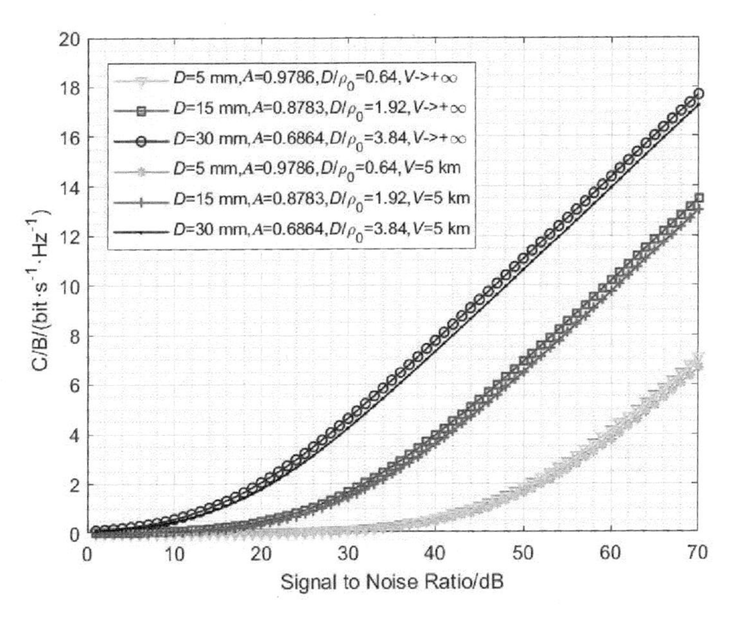

图 5.6　在强湍流且 $\sigma_s = 12$ mm 时，对于不同接收机孔径直径和不同能见度条件下，平均信道容量随信噪比的变化

对比图 5.7 和图 5.8，不难看出当接收机孔径直径 $D = 5$ mm 且归一化判决阈值 $U > -20$ dB 时，在任意信道容量条件下通信系统完全中断；当接收机孔径直径 $D = 15$ mm 且归一化判决阈值 $U > -10$ dB 时，在任意信道容量条件下通信系统完全中断；当接收机孔径直径 $D = 30$ mm 且归一化判决阈值 $U > -5$ dB 时，在任意信道容量条件下通信系统完全中断。总的来说，在抖动标准差 $\sigma_s = 17$ mm 时，中断概率受弱湍流和中等湍流的影响和能见度影响差别不大，但受孔径平均效应的影响较为明显。在相同湍流、相同抖动、不同接收机孔径直径条件下，D/ρ_0 越大则中断概率越小；而在相同抖动、相同接收机孔径直径、不同湍流条件下，D/ρ_0 越小则中断概率越小。另外，在接收机孔径直径、湍流强度和抖动都一样的情况下，不同能见度的中轻度雾对中断概率的影响差异可以忽略不计。

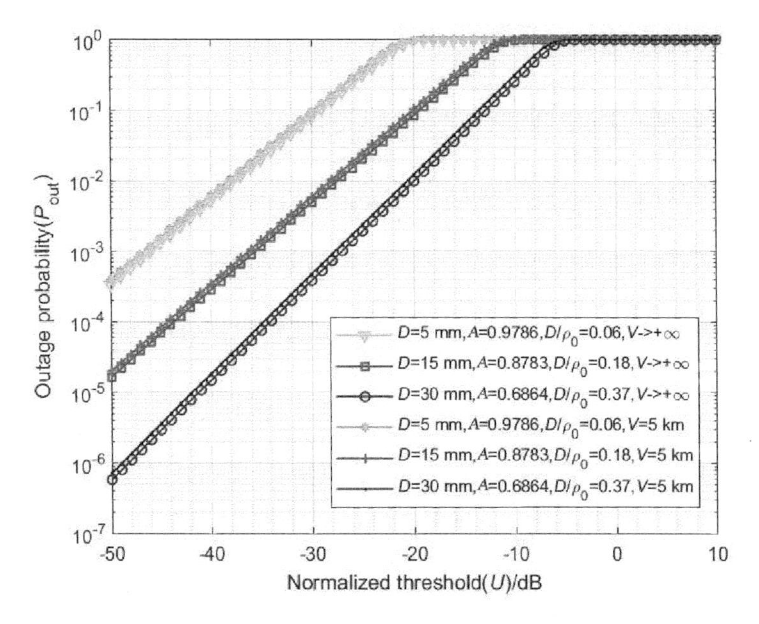

图 5.7　在弱湍流且 $\sigma_s = 17$ mm 时，不同接收机孔径直径和不同能见度条件下，中断概率随归一化判决阈值的变化

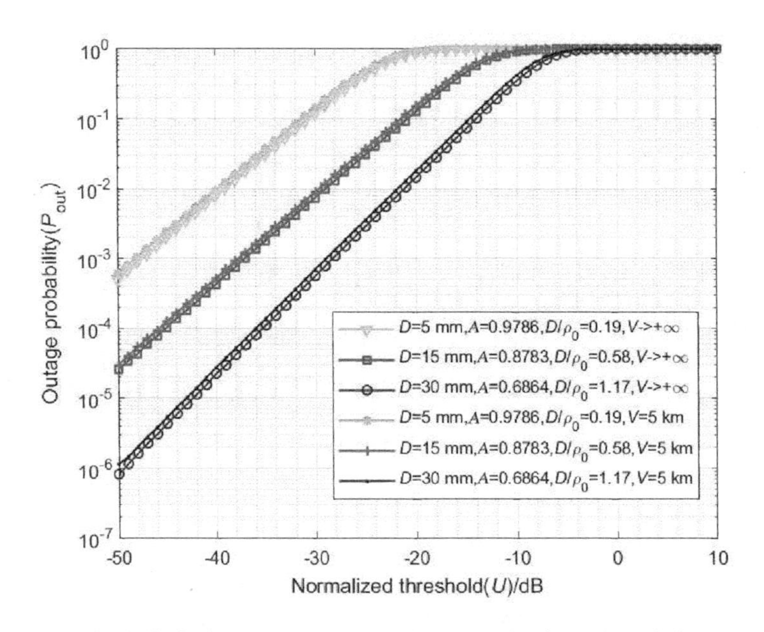

图 5.8　在中等湍流且 $\sigma_s = 17$ mm 时，不同接收机孔径直径和不同能见度条件下，中断概率随归一化判决阈值的变化

由图5.9可知，在强湍流条件下，当抖动标准差进一步增大时，孔径平均效应的作用就不太明显，中断概率明显下降，而各曲线之间的差异，主要由湍流强度和能见度表现出来。

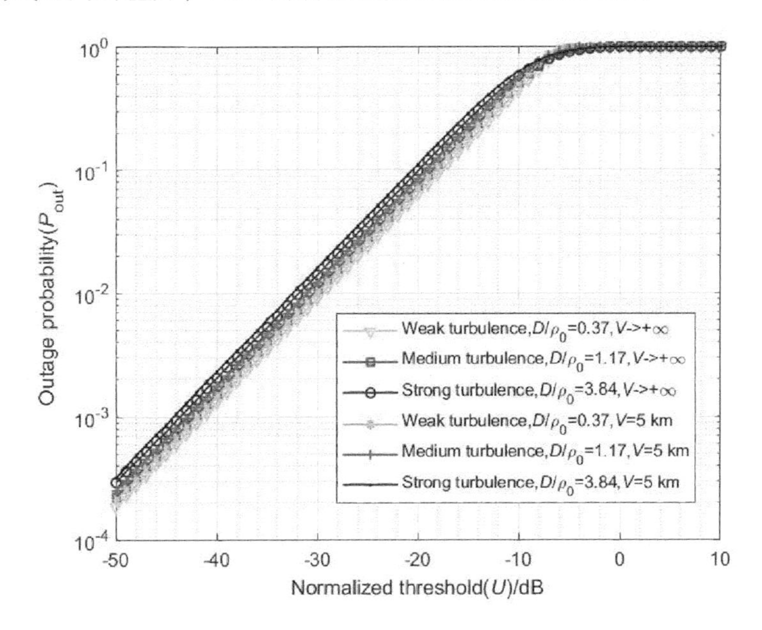

图5.9　在接收机孔径直径 D = 30 mm 且 σ_s = 22 mm 时，不同湍流强度和不同能见度条件下，中断概率随归一化判决阈值的变化

综合图5.7、图5.8和图5.9可得，在抖动标准差较小时，中断概率受湍流影响较大，此时孔径平均效应明显；当抖动标准差较大时，中断概率受湍流影响较小，此时孔径平均效应不明显。在任何条件下，不同能见度对中断概率的影响差异都较小，且不受孔径平均效应的影响。

四、本章小结

本章通过考察EW湍流、大气环境、指向性误差等因素对自由空间光通信系统进行建模，并利用H函数和Meijer-G函数推导出误码率、平均信道容量和中断概率的数学表达式。通过仿真，分析了孔径平均效应对FSO通信系统性能参数的影响。结果表明，在抖动标准差较小且相同湍流条件下，增大接收机孔径直径使得孔径平均效应更明显，对通信系统性能参数的提升也更明显；孔径平均效应能明显改善由雾导致的通信系统性能的恶化；在抖动标准差较小且相同接收机孔径直径条件下，湍流强度越小则大气相干长度越大，对通信系统性能参数的负面影响越小；当抖动标准差增大时，通信系统性能参数恶化明显，且孔径平均效应的影响减弱。

第六章　基于孔径平均效应的部分相干光通信系统性能分析与设计

尽管FSO通信系统具有诸多优点，但受湍流和能见度等环境因素、系统瞄准误差以及系统载体自身抖动的影响较为严重，进而降低了通信系统的可靠性。由于部分相干光束（Partially Coherent Beams，PCB）能够抑制湍流对通信系统性能的影响，因而成为FSO通信系统抗衰减技术研究的热点[130]。Lee等对Gamma–Gamma湍流和零视轴指向性误差信道建模，推导并分析了PCB FSO通信系统的平均信道容量，然而未得到平均通信容量的表达式[131]；吴君鹏等在弱湍流下部分相干光特性基础上，对Gamma–Gamma湍流信道建模，推导并分析了相干光对PCB FSO通信系统性能的影响[132]。

首先，本章给出联合大气能见度、EW湍流、非零视轴的广义指向性误差的系统与信道模型，推导出联合信道模型；其次，对于OOK调制的IM/DD部分相干光FSO通信系统，利用H函数得到误码率和平均信道容量的表达式，再利用Meijer–G函数得到中断概率的表达式；最后，通过仿真分析了在不同湍流强度下空间相干长度、接收机孔径直径、发射机孔径处的有效束腰半径、非零视轴广义指向性误差对部分相干光FSO通信系统性能的影响。

一、部分相干光束模型

本章采用Gaussian–Schell光束模型[130, 131]，发射机孔径处的有效束腰半径为ω_0且服从高斯分布，则经过链路长度为Z_{atm}的大气湍流后，接收到的光束尺寸为

$$\omega_E = \omega_0\sqrt{\theta_n^2 + \zeta \Lambda_n^2} \tag{6.1}$$

式中$\theta_n = 1 - \dfrac{Z_{\mathrm{atm}}}{F_0}$，$\Lambda_n = \dfrac{2Z_{\mathrm{atm}}}{k\omega_0^2}$，这里$F_0$为发射机波前相位曲率半径，$k$为波数，$k = 2\pi/\lambda$，$\lambda$为入射激光波长；$\theta_n$表示发射光束发散程度，当$\theta_n = 1$时为准直光束。$\zeta = \zeta_{\mathrm{s}} + \dfrac{2\omega_0^2}{\rho_0^2}$表示光沿传播路径穿过每个横向平面的全局相干参数；$\zeta_{\mathrm{s}} = 1 + \dfrac{2\omega_0^2}{l_{\mathrm{c}}^2}$表示激光光束部分相干程度的参数，这里$l_{\mathrm{c}}$为空间相干长度，当$l_{\mathrm{c}}$增加时，光束的相干性越强；$\zeta_{\mathrm{s}} = 1$时，光束为完全相干光，$\zeta_{\mathrm{s}} > 1$时，光束为部分相干光。对于球面波，大气相干长度为$\rho_0 = \left[0.55C_n^2k^2Z_{\mathrm{atm}}\right]^{-3/5}$，这里$C_n^2$为大气折射率结构常数。

对于点接收机而言，闪烁指数可以由下式得到

$$\sigma_I^2(0) \cong 4.42\sigma_{\mathrm{R}}^2\Lambda_Z^{5/6}\frac{\sigma_{\mathrm{pe}}^2}{\omega_Z^2} + 3.86\sigma_{\mathrm{R}}^2 \times \left\{0.40\left[\left(1 + 2\theta_Z\right)^2 + 4\Lambda_Z^2\right]^{5/12} \times \cos\left[\frac{5}{6}\tan^{-1}\left(\frac{1 + 2\theta_Z}{2\Lambda_Z}\right) - \frac{11}{16}\Lambda_Z^{5/6}\right]\right\} \tag{6.2}$$

式中，$\sigma_{\mathrm{pe}}^2 = \sigma_x^2 + \sigma_y^2$，表示由抖动引起指向性误差的方差；$\sigma_{\mathrm{R}}^2 = 1.23C_n^2k^{7/6}Z_{\mathrm{atm}}{}^{11/6}$，表示平面波的Rytov方差；接收到的光束参数

$\theta_Z = 1 - \dfrac{Z_{\text{atm}}}{F_Z}$和$\Lambda_Z = \dfrac{2Z_{atm}}{k\omega_Z^2}$，这里在接收机平面上部分相干光的波前曲率半径为

$$F_Z = \frac{Z_{\text{atm}}(\theta_n^2 + \zeta\Lambda_n^2)}{\phi\Lambda_n - \zeta\Lambda_n^2 - \theta_n^2}，\text{且}\ \phi \equiv \frac{\theta_n}{\Lambda_n} - \frac{\Lambda_n\omega_0^2}{\rho_0^2} \tag{6.3}$$

考虑孔径平均效应的影响，则接收机孔径直径为D时的闪烁指数为

$$\sigma_I^2(D) = A_A\sigma_I^2(0) \tag{6.4}$$

式中，孔径平均因子为[130]

$$A_A = \frac{4}{t^2}\left\{1 - \exp\left(-\frac{1}{2}t^2\right)\left[I_0\left(\frac{1}{2}t^2\right) + I_1\left(\frac{1}{2}t^2\right)\right]\right\} \tag{6.5}$$

其中$I_n(p)$表示第一类n阶修正Bessel函数，且

$$t^2 \equiv \frac{D^2}{\rho_0^2}\left[2 + \frac{\rho_0^2}{\omega_0^2\Lambda_n^2} - \frac{\rho_0^2\phi^2}{\omega_Z^2}\right] \tag{6.6}$$

二、联合信道模型分析

信道状态h的概率密度函数PDF联合了大气环境h_l、湍流h_a以及指向性误差h_p等影响，可以表示为

$$f_h(h) = \int f_{h|h_a}(h|h_a)f_{h_a}(h_a)\mathrm{d}h_a \tag{6.7}$$

其中，条件概率$f_{h|h_a}(h|h_a)$联立等式（2.32），可得

$$f_{h|h_a}(h|h_a)=\frac{1}{h_a h_l}f_{h_p}\left(\frac{h}{h_a h_l}\right)=\frac{\varphi_{\text{mod}}^2}{h_a h_l(A_0G)^{\varphi_{\text{mod}}^2}}\left(\frac{h}{h_a h_l}\right)^{\varphi_{\text{mod}}^2-1}，\ 0\leqslant h\leqslant A_0Gh_ah_l \tag{6.8}$$

将等式（2.23）和等式（6.8）代入等式（6.7）中，可得

$$f_h(h)=\frac{\alpha_2\beta_2\varphi_{\mathrm{mod}}^2}{(h_1A_0G)^{\varphi_{\mathrm{mod}}^2}\eta^{\beta_2}}h^{\varphi_{\mathrm{mod}}^2-1}\int_{h/A_0Gh_1}^{\infty}\left(h_{\mathrm{a}}\right)^{\beta_2-\varphi_{\mathrm{mod}}^2-1}\times \exp\left[-\left(\frac{h_{\mathrm{a}}}{\eta}\right)^{\beta_2}\right]\left\{1-\exp\left[-\left(\frac{h_{\mathrm{a}}}{\eta}\right)^{\beta_2}\right]\right\}^{\alpha_2-1}\mathrm{d}h_{\mathrm{a}} \tag{6.9}$$

利用牛顿广义二项式定理$(1+z)^r=\sum_{j=0}^{\infty}\left(\Gamma(r+1)z^j/j!\Gamma(r-j+1)\right)$和上界不完全Gamma函数$\Gamma(a,\ z)=\int_z^{\infty}e^{-t}t^{a-1}\mathrm{d}t$[127]，等式（6.9）展开为

$$\begin{aligned}f_h(h)&=\frac{\alpha_2\beta_2\varphi_{\mathrm{mod}}^2}{(h_1A_0G)^{\varphi_{\mathrm{mod}}^2}\eta^{\beta_2}}h^{\varphi_{\mathrm{mod}}^2-1}\int_{h/A_0Gh_1}^{\infty}\left(h_{\mathrm{a}}\right)^{\beta_2-\varphi_{\mathrm{mod}}^2-1}\times \exp\left[-\left(\frac{h_{\mathrm{a}}}{\eta}\right)^{\beta_2}\right]\left\{1-\exp\left[-\left(\frac{h_{\mathrm{a}}}{\eta}\right)^{\beta_2}\right]\right\}^{\alpha_2-1}\mathrm{d}h_{\mathrm{a}}\\&=\frac{\alpha_2\beta_2\varphi_{\mathrm{mod}}^2}{(h_1A_0G)^{\varphi_{\mathrm{mod}}^2}\eta^{\beta_2}}h^{\varphi_{\mathrm{mod}}^2-1}\sum_{j=0}^{\infty}\frac{(-1)^j\Gamma(\alpha_2)}{j!\Gamma(\alpha_2-j)}\times \int_{h/A_0Gh_1}^{\infty}\left(h_{\mathrm{a}}\right)^{\beta_2-\varphi_{\mathrm{mod}}^2-1}\exp\left[-(1+j)\left(\frac{h_{\mathrm{a}}}{\eta}\right)^{\beta_2}\right]\mathrm{d}h_{\mathrm{a}}\\&=\frac{\alpha_2\varphi_{\mathrm{mod}}^2}{(h_1A_0G\eta)^{\varphi_{\mathrm{mod}}^2}}h^{\varphi_{\mathrm{mod}}^2-1}\sum_{j=0}^{\infty}\frac{(-1)^j\Gamma(\alpha_2)}{j!\Gamma(\alpha_2-j)(1+j)^{1-\frac{\varphi_{\mathrm{mod}}^2}{\beta_2}}}\times \Gamma\left(1-\frac{\varphi_{\mathrm{mod}}^2}{\beta_2},(1+j)\left(\frac{h}{A_0Gh_1\eta}\right)^{\beta_2}\right)\end{aligned} \tag{6.10}$$

根据Gamma函数与Meijer-G函数的关系式

$$\Gamma(a,z)=\mathrm{G}_{1,\ 2}^{2,\ 0}\left(z\left|\begin{matrix}1\\0,\ a\end{matrix}\right.\right) \tag{6.11}$$

利用等式（6.11）对等式（6.10）进行变换，可得

$$f_h(h)=\frac{\alpha_2\varphi_{\mathrm{mod}}^2}{(h_1A_0G\eta)^{\varphi_{\mathrm{mod}}^2}}h^{\varphi_{\mathrm{mod}}^2-1}\sum_{j=0}^{\infty}\frac{(-1)^j\Gamma(\alpha_2)}{j!\Gamma(\alpha_2-j)(1+j)^{1-\frac{\varphi_{\mathrm{mod}}^2}{\beta_2}}}\times$$

$$\mathrm{G}_{1,\ 2}^{2,\ 0}\left((1+j)\left(\frac{h}{A_0Gh_1\eta}\right)^{\beta_2}\middle|\begin{matrix}1\\0,\ 1-\frac{\varphi_{\mathrm{mod}}^2}{\beta_2}\end{matrix}\right)\tag{6.12}$$

三、FSO通信系统性能分析

（一）误码率

采用OOK调制的IM/DD通信系统模型时，误码率BER为错误概率在信道状态h上的平均[116]，即

$$P_{\mathrm{b}}(e)=\int_0^{\infty}f_h(h)P_{\mathrm{b}}(e|h)\mathrm{d}h\tag{6.13}$$

将等式（4.10）和等式（6.12）代入等式（6.13）中，再利用已有文献[123]中的公式进行变换（变量替换$y=h^2$），得到误码率的表达式为

$$P_{\mathrm{b}}(e)=\frac{\varphi_{\mathrm{mod}}^2\alpha_2}{4\sqrt{\pi}}\left(\frac{\sigma_n}{P_{\mathrm{t}}RA_0Gh_1\eta}\right)^{\varphi_{\mathrm{mod}}^2}\sum_{j=0}^{\infty}\frac{(-1)^j\Gamma(\alpha_2)}{j!\ \Gamma(\alpha_2-j)(1+j)^{1-\frac{\varphi_{\mathrm{mod}}^2}{\beta_2}}}\times$$

$$\mathrm{H}_{3,\ 3}^{2,\ 2}\left[(1+j)\left(\frac{\sigma_n}{P_{\mathrm{t}}RA_0Gh_1\eta}\right)^{\beta_2}\middle|\begin{matrix}(1-\frac{\varphi_{\mathrm{mod}}^2}{2},\ \frac{\beta_2}{2}),\ (\frac{1}{2}-\frac{\varphi_{\mathrm{mod}}^2}{2},\ \frac{\beta_2}{2}),\ (1,\ 1)\\(0,\ 1),\ (1-\frac{\varphi_{\mathrm{mod}}^2}{\beta_2},\ 1),\ (-\frac{\varphi_{\mathrm{mod}}^2}{2},\ \frac{\beta_2}{2})\end{matrix}\right]$$

(6.14)

（二）平均信道容量

平均信道容量是定义为发射机和接收机可靠通信的最大可达数据率。平均信道容量为[117]

$$C=\int_0^{\infty}B\log_2\left(1+\gamma(h)\right)f_h(h)\mathrm{d}h \tag{6.15}$$

式中，B 为带宽，FSO 通信系统接收到的瞬时电信噪比 SNR[96] 为 $\gamma(h)=h^2\bar{\gamma}$，且信噪比 $\bar{\gamma}=2P_{\mathrm{t}}^2R^2/\sigma_n^2$，利用对数函数与 Meijer-G 函数的关系，$\log_2(1+x)=\frac{1}{\ln 2}\mathrm{G}_{2,2}^{1,2}\left(x\middle|\begin{matrix}1,1\\1,0\end{matrix}\right)$，并将等式（6.12）代入等式（6.15）中，利用已有文献[123]中的公式进行变换（变量替换 $y=h^2$），得到平均信道容量的表达式为

$$C=\frac{B\varphi_{\mathrm{mod}}^2\alpha_2}{2\ln 2}\left(\frac{\sigma_n}{\sqrt{2}\,P_{\mathrm{t}}RA_0Gh_1\eta}\right)^{\varphi_{\mathrm{mod}}^2}\sum_{j=0}^{\infty}\frac{(-1)^j\Gamma(\alpha_2)}{j!\ \Gamma(\alpha_2-j)(1+j)^{1-\frac{\varphi_{\mathrm{mod}}^2}{\beta_2}}}\times$$

$$\mathrm{H}_{3,4}^{4,1}\left((1+j)\left(\frac{\sigma_n}{\sqrt{2}\,P_{\mathrm{t}}RA_0Gh_1\eta}\right)^{\beta_2}\right.$$

$$\left|\begin{matrix}(-\frac{\phi_{\mathrm{mod}}^2}{2},\ \frac{\beta_2}{2}),\ (1-\frac{\phi_{\mathrm{mod}}^2}{2},\ \frac{\beta_2}{2}),\ (1,\ 1)\\(0,\ 1),\ (1-\frac{\phi_{\mathrm{mod}}^2}{\beta},\ 1),\ (-\frac{\phi_{\mathrm{mod}}^2}{2},\ \frac{\beta_2}{2}),\ (-\frac{\phi_{\mathrm{mod}}^2}{2},\ \frac{\beta_2}{2})\end{matrix}\right) \tag{6.16}$$

（三）中断概率

中断概率是指系统误码率大于指定误码率的概率，或者系统信噪比低于指定信噪比阈值时的概率，因此信噪比 S_{NR} 和阈值 μ_{th} 的大小对系统中断概率有决定性影响，其表达式为[118]

$$P_{\text{out}} = P(\bar{\gamma} \leqslant \mu_{\text{th}}) = P\left(\frac{2P_{\text{t}}^2 h^2 R^2}{\sigma_n^2} \leqslant \mu_{\text{th}}\right) = P\left(h \leqslant \sqrt{\frac{\mu_{\text{th}} \sigma_n^2}{2P_{\text{t}}^2 R^2}}\right) = \int_0^U f_h(h)\mathrm{d}h \tag{6.17}$$

式中，$U = \sqrt{\dfrac{\mu_{\text{th}} \sigma_n^2}{2P_{\text{t}}^2 R^2}} = \sqrt{\dfrac{\mu_{\text{th}}}{\bar{\gamma}}}$，为归一化判决阈值。将等式（6.12）代入等式（6.17）中，则有

$$P_{\text{out}} = \frac{\varphi_{\text{mod}}^2 \alpha_2}{(A_0 G h_1 \eta)^{\varphi_{\text{mod}}^2}} \sum_{j=0}^{\infty} \frac{(-1)^j \Gamma(\alpha_2)}{j! \Gamma(\alpha_2 - j)(1+j)^{1 - \frac{\varphi_{\text{mod}}^2}{\beta_2}}} \times$$

$$\int_0^U h^{\varphi_{\text{mod}}^2 - 1} \mathrm{G}_{1,2}^{2,0}\left((1+j)\left(\frac{h}{A_0 G h_1 \eta}\right)^{\beta_2} \middle| \begin{matrix} 1 \\ 0,\ 1 - \dfrac{\varphi_{\text{mod}}^2}{\beta_2} \end{matrix}\right)\mathrm{d}h \tag{6.18}$$

利用已有文献[117]中的公式对等式（6.18）进行变换，可得到中断概率表达式为

$$P_{\text{out}} = \frac{\varphi_{\text{mod}}^2 \alpha_2}{\beta_2}\left(\frac{U}{A_0 G h_1 \eta}\right)^{\varphi_{\text{mod}}^2} \sum_{j=0}^{\infty} \frac{(-1)^j \Gamma(\alpha_2)}{j! \Gamma(\alpha_2 - j)(1+j)^{1 - \frac{\varphi_{\text{mod}}^2}{\beta_2}}} \times$$

$$\mathrm{G}_{2,3}^{2,1}\left((1+j)\left(\frac{U}{A_0 G h_1 \eta}\right)^{\beta_2} \middle| \begin{matrix} 1 - \dfrac{\varphi_{\text{mod}}^2}{\beta_2},\ 1 \\ 0,\ 1 - \dfrac{\varphi_{\text{mod}}^2}{\beta_2},\ -\dfrac{\varphi_{\text{mod}}^2}{\beta_2} \end{matrix}\right) \tag{6.19}$$

四、部分相干光FSO通信系统仿真与设计

建立一个运行波长为 1 550 nm 的准直部分相干光束（$F_0 \to \infty$）在链路长度为1 km大气信道（大气能见度 $V = 10$ km）中水平传输的FSO通信系统仿真平台。选择大气湍流参数：弱湍流（$C_n^2 = 7 \times 10^{-15}\text{m}^{-2/3}$）、中等湍流（$C_n^2 = 5 \times 10^{-14}\text{m}^{-2/3}$）和强湍

流（$C_n^2=3\times10^{-13}\text{m}^{-2/3}$）。等式（6.14）（6.16）和（6.19）采用有限求和，通常j取100时级数收敛。

（一）相干性对部分相干光FSO通信系统的影响分析

首先，分析部分相干光的相干性对不同湍流条件下FSO通信系统性能的影响。选取$\omega_0=4\ \text{cm}$和$D=10\ \text{cm}$，指向性误差参数为$(\mu_x,\ \mu_y)=(0,\ 0)$，$(\sigma_x,\ \sigma_y)=(5\ \text{cm},\ 5\ \text{cm})$。选择空间相干长度分别为5 mm、7 mm和10 mm部分相干光FSO通信系统，分别对误码率、平均信道容量和中断概率等性能参数进行分析。

对比图6.1、图6.2和图6.3可以看出，当信噪比SNR小于10 dB时，l_c越小则误码率越大；当SNR大于41 dB时，l_c越小则误码率越小。仔细分析图6.1、图6.2和图6.3不难看出，当相干长度固定时，SNR小于某一阈值a，则误码率性能由高到低依次为弱湍流、中等湍流、强湍流；SNR大于某一阈值b，则误码率性能由到低依次为强湍流、中等湍流、弱湍流；SNR在$[a,\ b]$之间时，误码率性能由高到低依次为：弱湍流 > 强湍流 > 中等湍流；且随着l_c的增大，阈值a，b均随之减小。这是由于在SNR较低时，l_c越小且湍流强度越弱，而误码率性能曲线的初始斜率越大；然而随着SNR增大，l_c越小且湍流强度越强，则误码率性能曲线的斜率越大。也就是说，随着SNR的增大，l_c越小且湍流强度越强，部分相干光对误码率性能的改善能力越强，反之越弱。

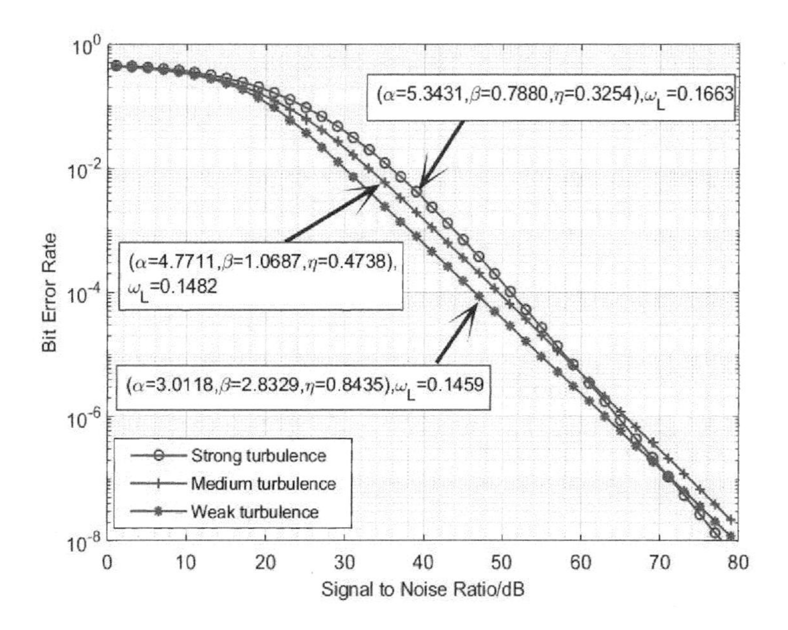

图 6.1　当 $l_c = 5\ \mathrm{mm}$、$\omega_0 = 4\ \mathrm{cm}$ 和 $D = 10\ \mathrm{cm}$ 时，误码率随信噪比的变化

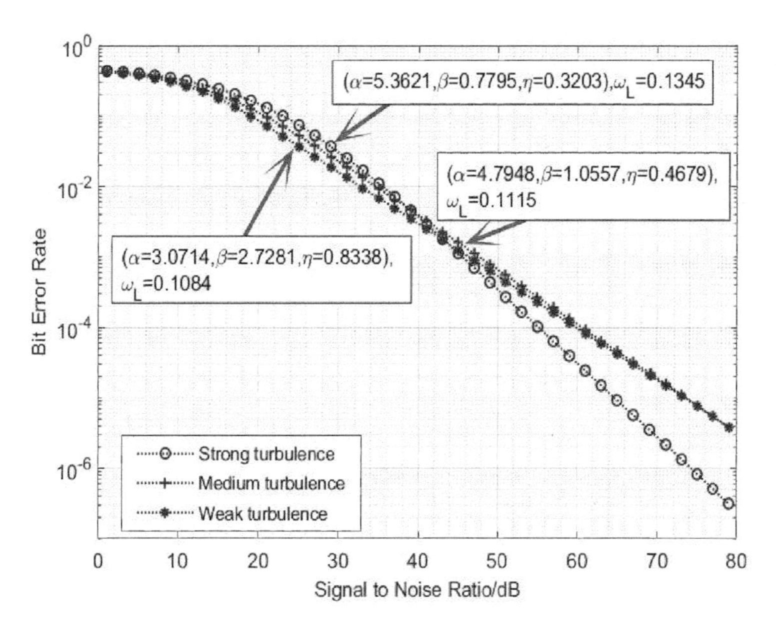

图 6.2　当 $l_c = 7\ \mathrm{mm}$、$\omega_0 = 4\ \mathrm{cm}$ 和 $D = 10\ \mathrm{cm}$ 时，误码率随信噪比的变化

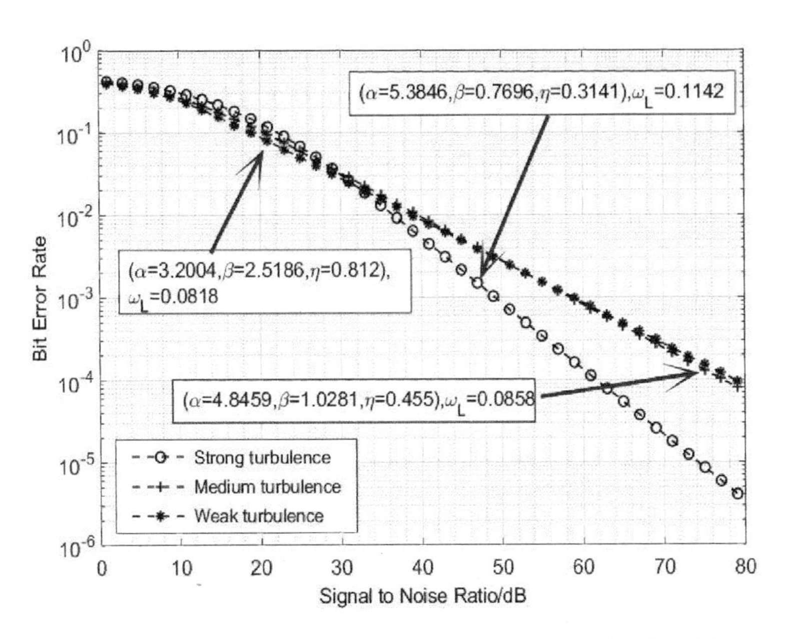

图6.3　当l_c = 10 mm、ω_0 = 4 cm和D = 10 cm时，误码率随信噪比的变化

由图6.4和图6.5可知，空间相干长度l_c越大，平均信道容量越大，且湍流强度越弱，平均信道容量越大。当SNR大于30 dB时，最高和最低平均信道容量C/B的差值基本保持为2；当通信系统选择高信噪比SNR = 80 dB时，这个差值约占总容量的1/10，而此时最佳和最差误码率却相差了约五个数量级。也就是说，在对平均信道容量要求不是非常苛刻的情况下，可以选择空间相干长度l_c较小值，通过牺牲较小的平均信道容量的方式显著提升误码率性能。

由图6.5可以看出，当归一化判决阈值U小于−19 dB时，空间相干长度l_c越小，则中断概率越小；当归一化判决阈值U大于−6 dB时，空间相干长度l_c越小，则中断概率越大。随着归一化判决阈值U减小，中断概率有着与误码率相似的结论。

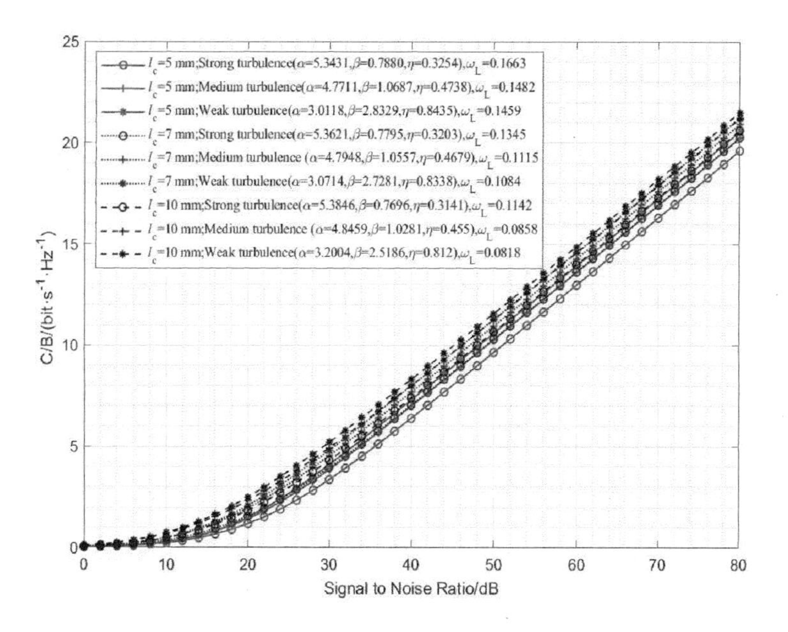

图 6.4　当 $\omega_0 = 4$ cm 和 $D = 10$ cm 时，空间相干长度对平均信道容量的影响

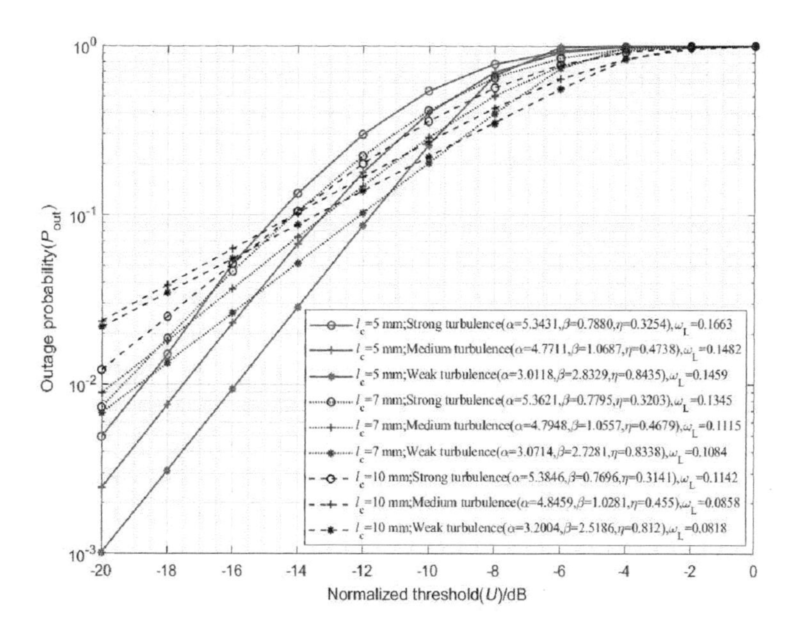

图 6.5　当 $\omega_0 = 4$ cm 和 $D = 10$ cm 时，空间相干长度对中断概率的影响

（二）孔径平均效应对部分相干光FSO通信系统的影响分析

其次，分析孔径平均效应对不同湍流条件下部分相干光FSO通信系统性能的影响。选取 $\omega_0 = 4$ cm 和 $l_c = 7$ mm，指向性误差参数为 $(\mu_x, \mu_y) = (0, 0)$，$(\sigma_x, \sigma_y) = (5\ \text{cm}, 5\ \text{cm})$。选择接收机孔径直径为10 cm、15 cm和20 cm部分相干光FSO通信系统，分别对误码率、平均信道容量和中断概率等性能进行分析。

由图6.6～图6.9可知，随着增大接收机孔径直径，通信系统性能均有显著的提升。当SNR为80 dB时，随着接收机孔径直径的增加，误码率提升了约六个数量级；平均信道容量C/B增加了5；当归一化判决阈值 U 为 −20 dB时，中断概率性能提升了约五个数量级。

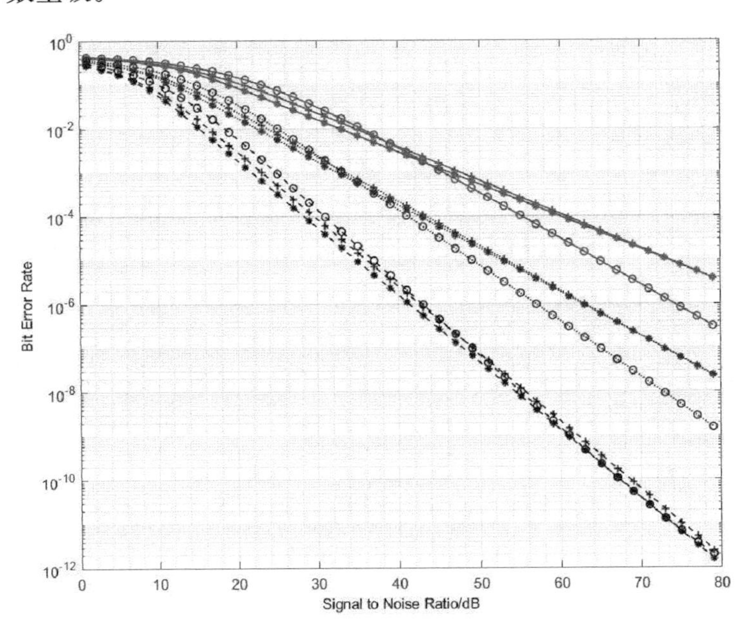

图6.6　当 $\omega_0 = 4$ cm 和 $l_c = 7$ mm 时，接收机孔径直径对误码率性能的影响

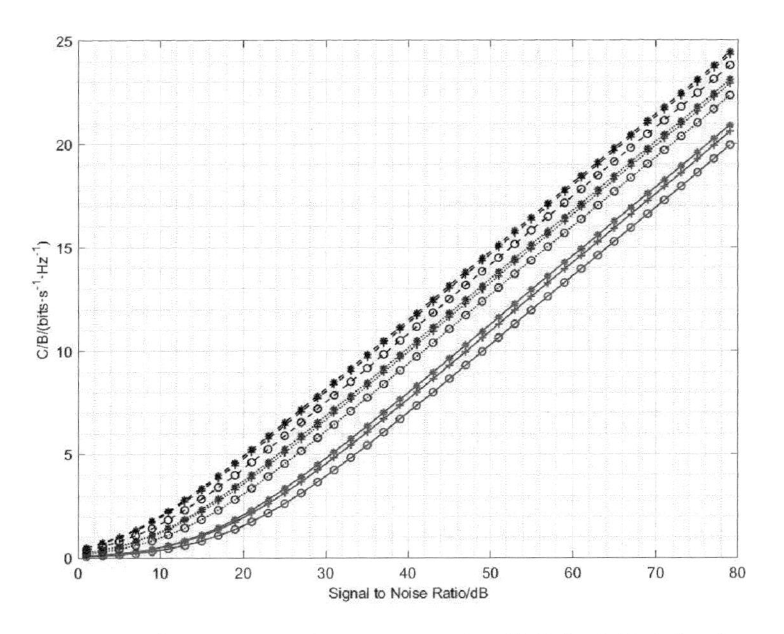

图 6.7　当 $\omega_0 = 4\ \mathrm{cm}$ 和 $l_c = 7\ \mathrm{mm}$ 时，接收机孔径直径对平均信道容量性能的影响

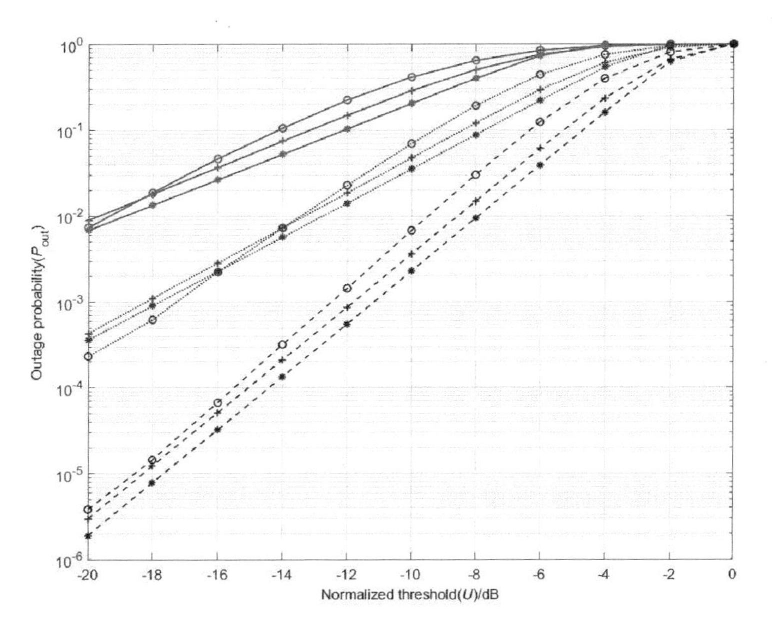

图 6.8　当 $\omega_0 = 4\ \mathrm{cm}$ 和 $l_c = 7\ \mathrm{mm}$ 时，接收机孔径直径对中断概率的影响

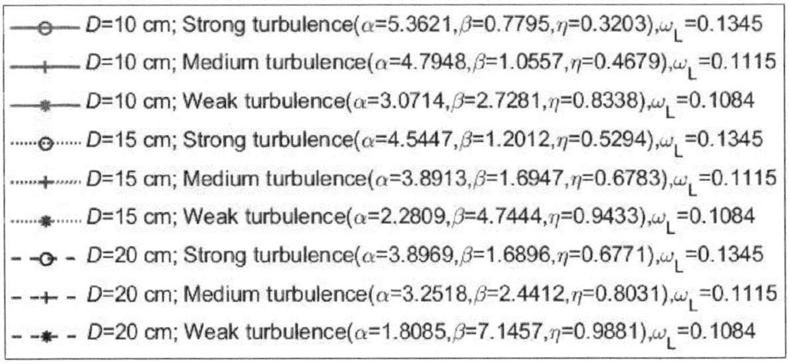

D=10 cm; Strong turbulence(α=5.3621,β=0.7795,η=0.3203),ω_L=0.1345
D=10 cm; Medium turbulence(α=4.7948,β=1.0557,η=0.4679),ω_L=0.1115
D=10 cm; Weak turbulence(α=3.0714,β=2.7281,η=0.8338),ω_L=0.1084
D=15 cm; Strong turbulence(α=4.5447,β=1.2012,η=0.5294),ω_L=0.1345
D=15 cm; Medium turbulence(α=3.8913,β=1.6947,η=0.6783),ω_L=0.1115
D=15 cm; Weak turbulence(α=2.2809,β=4.7444,η=0.9433),ω_L=0.1084
D=20 cm; Strong turbulence(α=3.8969,β=1.6896,η=0.6771),ω_L=0.1345
D=20 cm; Medium turbulence(α=3.2518,β=2.4412,η=0.8031),ω_L=0.1115
D=20 cm; Weak turbulence(α=1.8085,β=7.1457,η=0.9881),ω_L=0.1084

图6.9　当$\omega_0 = 4$ cm和$l_c = 7$ mm时，系统仿真参数和曲线类型

（三）发射机平面束腰半径对部分相干光FSO通信系统的影响分析

再次，分析发射机平面光束腰半径对强湍流条件下部分相干光FSO通信系统性能的影响。结合前文结论选取$l_c = 5$ mm和$D = 20$ cm，指向性误差为$(\mu_x, \mu_y) = (0, 0)$，$(\sigma_x, \sigma_y) = (5\text{ cm}, 5\text{ cm})$。选择发射机平面光束腰半径$\omega_0$为[2 cm，18 cm]区间范围内的偶数值，分别对误码率、平均信道容量和中断概率等性能参数进行分析。

由图6.10可知，当SNR小于20 dB时，ω_0越小则误码率性能越好；当SNR大于30 dB时，ω_0越大则误码率性能越好。这是因为ω_0越大，在高信噪比条件下，部分相干光对误码率性能的改善越好。对于图6.11，当ω_0越大时，平均信道容量越小；在SNR为40 dB时，最高和最低平均信道容量C/B的差值基本保持为1.5。分析图6.12、6.13，当归一化判决阈值U减小时，中断概率也随之减小（所得到的结论与误码率类似）。综合上述分析可知，当ω_0越大时，误码率和中断概率越小，则平均信道容量也会随之减小。

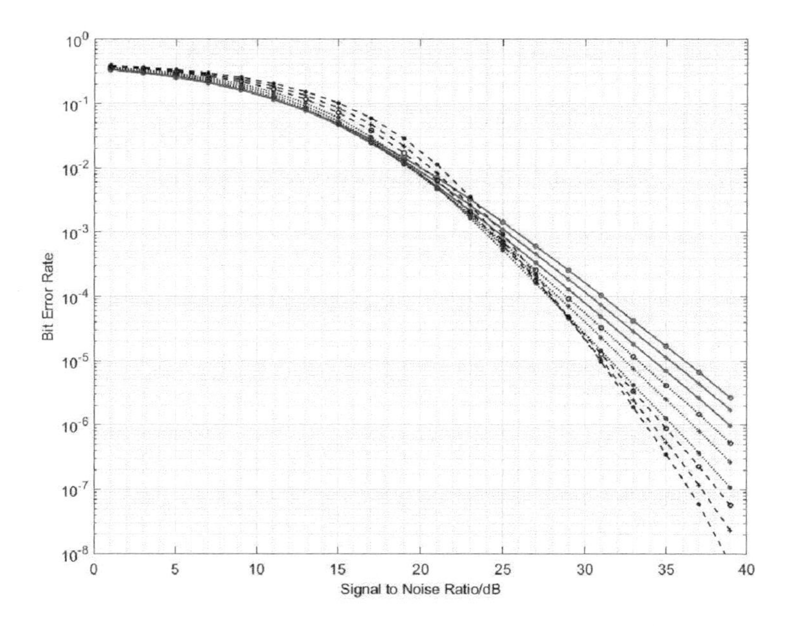

图 6.10　当 $l_c = 5$ mm 和 $D = 20$ cm 时，发射机平面光束腰半径尺寸对误码率的影响

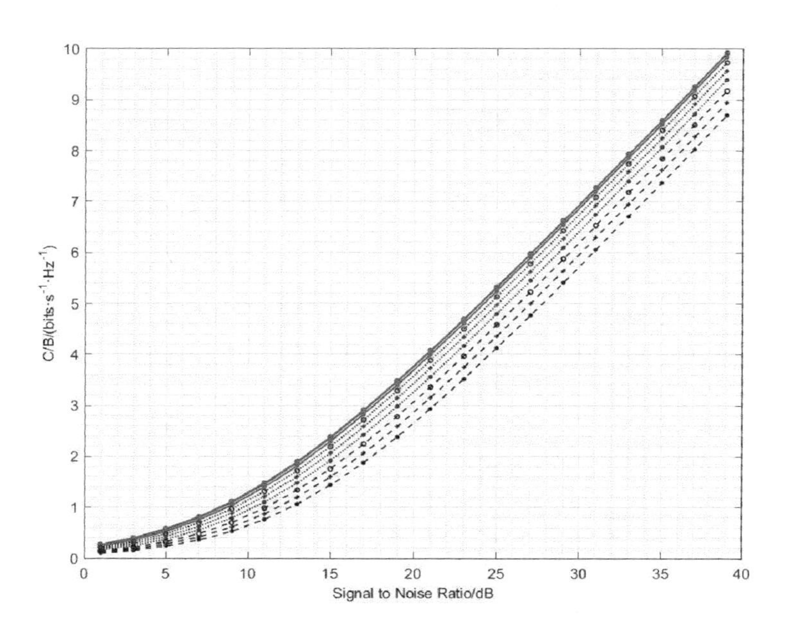

图 6.11　当 $l_c = 5$ mm 和 $D = 20$ cm 时，发射机平面光束腰半径尺寸对平均信道容量的影响

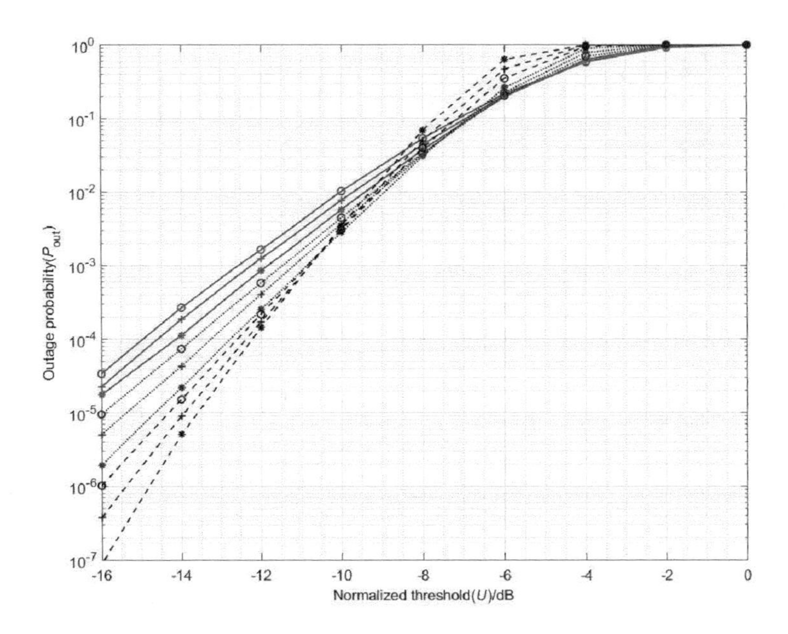

图6.12　当 l_c = 5 mm和 D = 20 cm时，发射机平面束腰半径尺寸对中断概率的影响

图6.13　当 l_c = 5 mm和 D = 20 cm时，系统仿真参数和曲线类型

（四）指向性误差对部分相干光FSO通信系统的影响分析

最后，分析指向性误差对强湍流条件下部分相干光FSO通信系统性能的影响。依照前文分析选取 l_c = 5 mm、D = 20 cm 和

$\omega_0 = 40$ cm。选择视轴偏移分别为（0，0）（10 cm，10 cm）和（20 cm，20 cm），且抖动偏移量为（5 cm，10 cm）（20 cm，10 cm）和（20 cm，30 cm）的指向性误差，分别对部分相干光FSO通信系统的误码率、平均信道容量和中断概率等性能参数进行分析。

由图6.14和6.15可知，当SNR小于30 dB时，无论是视轴偏差还是抖动偏差对系统误码率的影响都很大；而当SNR大于40 dB时，视轴偏差对系统误码率的影响要小于抖动偏差（即主要影响为抖动偏差，而视轴偏差稍次）。由图6.16、6.17可知，当归一化判决阈值U小于−18 dB时，有着与上述类似的结论。综合上述分析可知，设计部分相干光通信系统的APT子系统时，在视轴偏差可接受范围内，尽可能地减小系统自身的抖动。

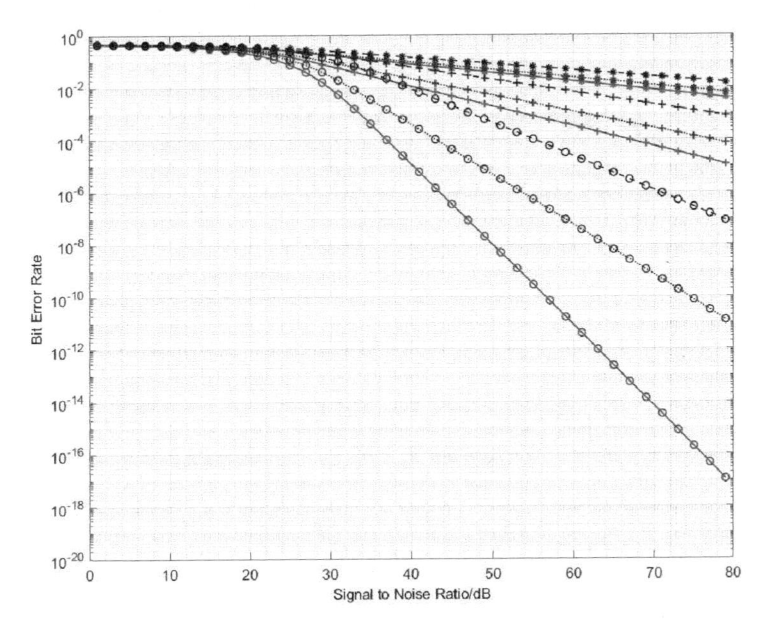

图6.14　当$l_c = 5$ mm、$D = 20$ cm和$\omega_0 = 40$ cm时，指向性误差对部分相干光通信系统误码率的影响

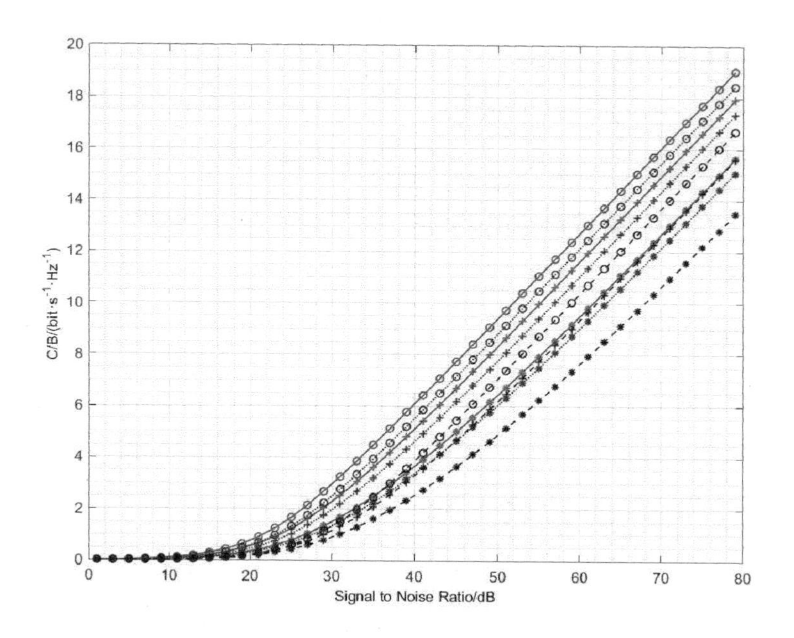

图6.15　当 l_c = 5 mm、D = 20 cm和 ω_0 = 40 cm时，指向性误差对部分相干光通信系统平均信道容量的影响

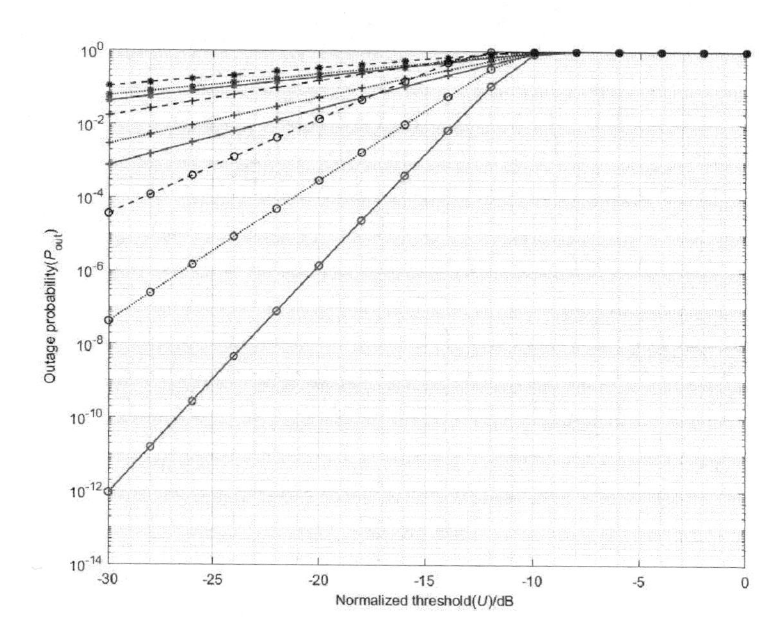

图6.16　当 l_c = 5 mm、D = 20 cm和 ω_0 = 40 cm时，指向性误差对部分相干光通信系统中断概率的影响

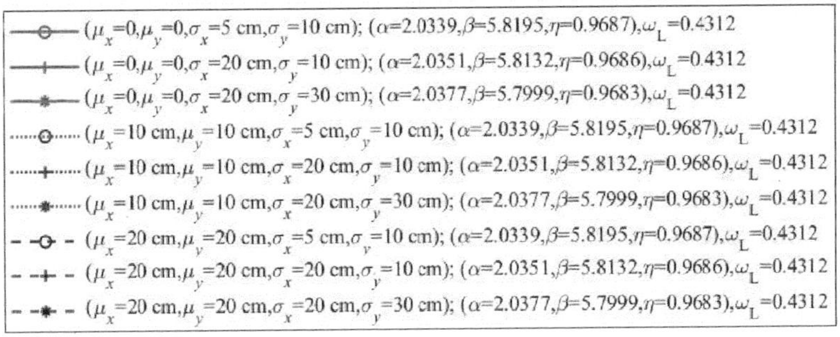

$(\mu_x=0,\mu_y=0,\sigma_x=5\ \text{cm},\sigma_y=10\ \text{cm});\ (\alpha=2.0339,\beta=5.8195,\eta=0.9687),\omega_L=0.4312$
$(\mu_x=0,\mu_y=0,\sigma_x=20\ \text{cm},\sigma_y=10\ \text{cm});\ (\alpha=2.0351,\beta=5.8132,\eta=0.9686),\omega_L=0.4312$
$(\mu_x=0,\mu_y=0,\sigma_x=20\ \text{cm},\sigma_y=30\ \text{cm});\ (\alpha=2.0377,\beta=5.7999,\eta=0.9683),\omega_L=0.4312$
$(\mu_x=10\ \text{cm},\mu_y=10\ \text{cm},\sigma_x=5\ \text{cm},\sigma_y=10\ \text{cm});\ (\alpha=2.0339,\beta=5.8195,\eta=0.9687),\omega_L=0.4312$
$(\mu_x=10\ \text{cm},\mu_y=10\ \text{cm},\sigma_x=20\ \text{cm},\sigma_y=10\ \text{cm});\ (\alpha=2.0351,\beta=5.8132,\eta=0.9686),\omega_L=0.4312$
$(\mu_x=10\ \text{cm},\mu_y=10\ \text{cm},\sigma_x=20\ \text{cm},\sigma_y=30\ \text{cm});\ (\alpha=2.0377,\beta=5.7999,\eta=0.9683),\omega_L=0.4312$
$(\mu_x=20\ \text{cm},\mu_y=20\ \text{cm},\sigma_x=5\ \text{cm},\sigma_y=10\ \text{cm});\ (\alpha=2.0339,\beta=5.8195,\eta=0.9687),\omega_L=0.4312$
$(\mu_x=20\ \text{cm},\mu_y=20\ \text{cm},\sigma_x=20\ \text{cm},\sigma_y=10\ \text{cm});\ (\alpha=2.0351,\beta=5.8132,\eta=0.9686),\omega_L=0.4312$
$(\mu_x=20\ \text{cm},\mu_y=20\ \text{cm},\sigma_x=20\ \text{cm},\sigma_y=30\ \text{cm});\ (\alpha=2.0377,\beta=5.7999,\eta=0.9683),\omega_L=0.4312$

图6.17　当 $l_c = 5\ \text{mm}$、$D = 20\ \text{cm}$ 和 $\omega_0 = 40\ \text{cm}$ 时，系统仿真参数和曲线类型

五、本章小结

本章主要通过综合考虑EW湍流、大气环境、指向性误差等因素，对部分相干光FSO通信系统建立数学模型并且利用H函数和Meijer-G函数推导出误码率、平均信道容量和中断概率的表达式。通过仿真，分析了空间相干长度、接收机孔径直径、发射机平面光束腰半径以及非零轴指向性误差等因素对部分相干光FSO通信系统性能参数的影响。结果表明：在牺牲较少平均信道容量且超过一定信噪比的情况下，减小部分相干光的空间相干长度或者增大发射机平面光束腰半径，均能获得误码率和中断概率性能的显著提升，并且随着信噪比和湍流强度的增大，系统对误码率和中断概率性能的改善效果也变得明显；增大接收机孔径直径，使孔径平均效应越明显，从而能够显著提升系统的整体性能指标；视轴偏差处于可接受范围内，抖动误差的增大是导致系统性能急剧恶化的主要原因。

第七章　混合Málaga湍流信道与Nakagami衰弱信道的FSO/RF通信系统性能分析

为了减少复杂大气环境对FSO通信系统性能的影响并提高无线光通信系统的可靠性和可用性，除了可以采用改良光束的性能参数和接收机尺寸等方法外，研究人员提出了一种将FSO链路和毫米波RF链路相结合形成一个混合FSO/RF通信系统的方案。混合FSO/RF通信系统大致可以分为两类：模式切换系统和同步传输系统。在模式切换的混合FSO/RF通信系统中，RF链路充当备用连接，也就是说，只有当主FSO链路瞬时信噪比低于预定义的阈值时，系统才切换到RF链路。Usman等提出了一种用于混合FSO/RF通信系统的低复杂度硬交换方案，其中FSO链路采用Lognormal湍流模型，RF链路采用Nakagami-m衰落模型[133]。Touati等研究了指向性误差对模式切换的混合FSO/RF通信系统性能的影响，其中FSO链路采用Gamma-Gamma湍流模型，RF链路采用Rican衰落模型[103]。然而，这种模式切换系统在很大程度上依赖于系统收发器上反馈信息或信道状态信息（Channel State Information，CSI）的可用性，增加了系统的硬件复杂度。

另一方面，在同步传输混合系统中，相同的数据会在两个链路上同时传输，并且在系统接收端对接收到的两路信号进行分集合并（常用的三种合并技术：最大比合并、等效增益合并和选择合并）处理后再进行信号的解调。因此，这种方案不需要反馈信息或信道状态信息来实现两条链路之间的切换操作，与模式切换系统相比，同步传输系统具有更简单、更经济的优点。Shakir研究了指向性误差对采用选择合并技术的同步传输混合FSO/RF通信系统性能的影响，其中FSO链路采用Gamma-Gamma湍流模型，RF链路采用Nakagami-m衰落模型[134]。Odeyemi等研究了指向性误差和不含指向性误差对采用选择合并技术的同步传输混合FSO/RF通信系统性能的影响，其中FSO链路采用Málaga湍流模型，RF链路采用$\eta-\mu$衰落模型[135]。

首先，本章给出FSO通信链路的Málaga湍流模型和RF链路的Nakagami-m衰落模型，并推导出采用选择合并方案的混合FSO/RF通信系统输出的信噪比累积分布函数；其次，利用Meijer-G函数和扩展广义双变量Meijer-G函数分别推导出混合FSO/RF通信系统的误码率和中断概率的数学表达式；最后，在不同的通信条件下对混合FSO/RF通信系统性能进行仿真分析。

一、混合信道模型分析

在混合FSO/RF通信系统的发射端，信号经过副载波预调制和二进制调制后被分离为两路信号，分别通过FSO和RF发射机调制到载波上并发射到通信链路中，接收端选择最大信噪比的链路信号输出。

（一）FSO通信链路

FSO通信链路采用了基于副载波强度调制（SIM）技术的强度调制/直接检测（IM/DD）方案。利用预调制副载波信号$m(t)$

对连续激光光束进行调制，则调制后光束的发射功率可以表示为 $P_t^{FSO} = P^{FSO}[1 + \xi m(t)]$，这里 P^{FSO} 为FSO通信链路发射机的平均发射功率，ξ 为调制指数且为了防止过调制需满足 $-1 < \xi m(t) < 1$，为了简便计算，ξ 取单位1。在接收端，通过光电探测器将接收到的激光光束通过直接检测的方式转换为电信号，且副载波信号将进一步解调为原始的二进制信号，因此光电探测器的输出信号 y^{FSO} 为

$$y^{FSO} = P^{FSO} R[1 + \xi m(t)] h^{FSO} + n_0 \tag{7.1}$$

式中，R 为光电探测器的响应率，n_0 为均值为0且方差为 σ_n^2 的加性高斯白噪声，h^{FSO} 为FSO通信链路的信道增益[136]。

在光接收机电解调器的输入端，信噪比 γ^{FSO} 可以表示为

$$\gamma^{FSO} = \frac{(P^{FSO} R\xi)^2}{\sigma_n^2}(h^{FSO})^2 = \overline{\gamma}^{FSO}(h^{FSO})^2 \tag{7.2}$$

式中，$\overline{\gamma}^{FSO}$ 为平均信噪比[137]。仅考虑Málaga大气湍流和指向性误差的情况下，在FSO通信链路中，信噪比 γ^{FSO} 的概率密度函数PDF[119]为

$$f(\gamma^{FSO}) = \left(\gamma^{FSO}\right)^{-1} \frac{\chi^2 A}{4} \sum_{j=1}^{\beta_1} c_j G_{1,3}^{3,0}\left(T\sqrt{\frac{\gamma^{FSO}}{\mu^{FSO}}} \,\middle|\, \begin{matrix} 1+\chi^2 \\ \chi^2, \alpha_1, j \end{matrix}\right) \tag{7.3}$$

式中，$\chi = \omega_{Zeq}/2\sigma_s$ 是接收机平面等效光束半径（ω_{Zeq}）与接收机平面的抖动标准差（σ_s）之比，$G_{1,3}^{3,0}(\cdot)$ 为Meijer-G函数，$T = \chi^2\alpha_1\beta_1(g_I + \Omega')/\left[\left(\chi^2 + 1\right)\left(g_1\beta_1 + \Omega'\right)\right]$，$c_j = a_j T^{-\frac{\alpha_I + j}{2}}$。$\mu^{FSO}$ 为修正信噪比，即

$$\mu^{FSO} = \frac{\chi^2\left(\chi^2 + 1\right)^{-2}\left(\chi^2 + 2\right)\left(g_1 + \Omega'\right)}{\alpha_1^{-1}\left(\alpha_1 + 1\right)\left[2g_1\left(g_1 + 2\Omega'\right) + \Omega'^2\left(1 + 1/\beta_1\right)\right]}\overline{\gamma}^{FSO} \tag{7.4}$$

$$
且\begin{cases} A = \dfrac{2\alpha_1^{\alpha_1/2}}{g_1^{1+\alpha_1/2}\Gamma(\alpha_1)}\left(\dfrac{g_1\beta_1}{g_1\beta_1+\Omega'}\right)^{\beta_1+\frac{\alpha_1}{2}} \\ a_j = \dbinom{\beta_1-1}{j-1}\dfrac{(g_1\beta_1+\Omega')^{1-\frac{j}{2}}}{(j-1)!}\left(\dfrac{\Omega'}{g_1}\right)^{j-1}\left(\dfrac{\alpha_1}{\beta_1}\right)^{j/2} \end{cases}
\tag{7.5}
$$

式中，α_1是一个正参数，与散射过程中大尺度涡旋的有效个数有关；β_1为衰减参数，是一个自然数；$\Gamma(\cdot)$为 Gamma 函数；$g_1 = E\left[\left|U_S^G\right|^2\right] = 2b_0(1-\rho)$表示离轴涡旋路径接收独立散射分量的平均功率，$2b_0 = E\left[\left|U_S^G\right|^2 + \left|U_S^G\right|^2\right]$为总散射分量的平均功率，参数$0 \leqslant \rho \leqslant 1$表示与视线分量耦合的散射功率值；$\Omega' = \Omega + 2b_0\rho + 2\sqrt{2b_0\rho\Omega}\cos(\varphi_A - \varphi_B)$表示相互耦合分量的平均功率，$\Omega = E\left[\left|U_L\right|^2\right]$为视线分量的平均功率，$\varphi_A$和$\varphi_B$为视线分量和同轴分量各自的确定相位。利用$F_{\gamma^{FSO}}\left(\gamma^{FSO}\right) = \int_0^{\gamma^{FSO}} f_{\gamma^{FSO}}(t)\mathrm{d}t$对等式（7.3）进行积分，经过简单的代数运算，$\gamma^{FSO}$的累积分布函数（Cumulative Distribution Function，CDF）可以表示为

$$
F_{\gamma^{FSO}}(\gamma^{FSO}) = \frac{\chi^2 A}{16\pi}\sum_{j=1}^{\beta_1} c_j 2^{\alpha_1+j} G_{3,7}^{6,1}\left(\frac{T^2\gamma^{FSO}}{16\mu^{FSO}}\middle|\begin{matrix}J_1\\J_2\end{matrix}\right) \tag{7.6}
$$

式中，J_1为$\left(1, \dfrac{1+\chi^2}{2}, \dfrac{2+\chi^2}{2}\right)$，$J_2$为$\left(\dfrac{\chi^2}{2}, \dfrac{\chi^2+1}{2}, \dfrac{\alpha_1}{2}, \dfrac{\alpha_1+1}{2}, \dfrac{j}{2}, \dfrac{j+1}{2}, 0\right)$。值得注意的是，Málaga 分布统一了大部分已知的均匀且各向同性的湍流数学统计模型，当参数设置为($g = 0$，$\Omega' = 1$)和($g \neq 0$，$\Omega' = 0$或$\beta_1 = 1$)时，它们作为 Malaga 分

布的特殊情况，分别表示Gamma-Gamma和K模型[119]。

（二）RF链路

在RF链路的发射端，副载波调制信号$m(t)$首先被向上转换为60 GHz的毫米波射频信号，再将其发送到RF信道中。在RF链路的接收端，RF信号被向下转换且解调为原始信号。在RF链路的接收端，输出信号y^{RF}为[138]

$$y^{RF}=\sqrt{P^{RF}}\,h^{RF}m(t)+n_0 \tag{7.7}$$

式中，P^{RF}为RF链路发射功率，h^{RF}为信道状态，n_0是均值为0且方差为σ_n^2的加性高斯白噪声（与FSO链路的加性高斯白噪声分布一致）。

接收到的瞬时信噪比SNR（γ^{RF}）可以表示为

$$\gamma^{RF}=\frac{P^{RF}(h^{RF})^2}{\sigma_n^2}=\overline{\gamma}^{RF}\left(h^{RF}\right)^2 \tag{7.8}$$

式中，$\overline{\gamma}^{RF}$为信噪比。在RF链路的Nakagami-m信道中，信噪比γ^{RF}的概率密度函数PDF为[139]

$$f_{\gamma^{RF}}(\gamma^{RF})=\left(\frac{m}{\overline{\gamma}^{RF}}\right)^m\frac{\gamma^{m-1}}{\Gamma(m)}G_{0,1}^{1,0}\left[\frac{m\gamma^{RF}}{\overline{\gamma}^{RF}}\middle|\begin{matrix}-\\0\end{matrix}\right] \tag{7.9}$$

式中，m是RF链路的衰弱参数（$m\geqslant0.5$）。信噪比γ^{RF}的累积分布函数CDF可以通过积分获得，即

$$F_{\gamma^{RF}}(\gamma^{RF})=\frac{1}{\Gamma(m)}G_{1,2}^{1,1}\left(\frac{m\gamma^{RF}}{\overline{\gamma}^{RF}}\middle|\begin{matrix}1\\m,\ 0\end{matrix}\right) \tag{7.10}$$

（三）基于选择合并方案的混合FSO/RF通信系统

在混合FSO/RF通信系统中采用选择合并方案，它通过检测

每条链路的信噪比并且选择最大信噪比的信号来实现。因此，选择合并方案的输出信噪比 γ^{SC} 可以表示为[140]

$$\gamma^{SC} = \max(\gamma^{FSO}, \gamma^{RF}) \tag{7.11}$$

因此，信噪比 γ^{SC} 的累积分布函数CDF可以表示为

$$\begin{aligned} F_{\gamma^{sc}}(\gamma) &= P_r(\max(\gamma^{FSO}, \gamma^{RF}) \leqslant \gamma) = P_r(\gamma^{FSO} \leqslant \gamma, \gamma^{RF} \leqslant \gamma) \\ &= F_{\gamma^{FSO}}(\gamma) F_{\gamma^{RF}}(\gamma) \end{aligned} \tag{7.12}$$

将等式（7.6）和等式（7.10）代入等式（7.12），并利用文献[123]中的公式可得选择合并器的累积分布函数CDF为

$$F_{\gamma^{sc}}(\gamma) = \frac{\chi^2 A}{16\pi\Gamma(m)} \sum_{j=1}^{\beta_1} c_j 2^{\alpha_1 + j} \mathrm{G}_{0,\ 0;\ 1,\ 2;\ 3,\ 7}^{0,\ 0;\ 1,\ 1;\ 6,\ 1}\left(\begin{matrix} - \\ - \end{matrix} \middle| \begin{matrix} 1 \\ m,\ 0 \end{matrix} \middle| \begin{matrix} J_1 \\ J_2 \end{matrix} \middle| \frac{m\gamma}{\overline{\gamma}^{RF}}, \frac{T^2 \gamma}{16\mu^{FSO}} \right) \tag{7.13}$$

式中函数 $\mathrm{G}_{0,\ 0;\ 1,\ 2;\ 3,\ 7}^{0,\ 0;\ 1,\ 1;\ 6,\ 1}(\cdot)$ 为扩展广义双变量Meijer-G函数（The Extended Generalised Bivariate Meijer's G-Function，EGBMGF）[141]。

二、混合FSO/RF通信系统性能分析

（一）误码率

对混合FSO/RF通信系统，二进制调制方案被用于任意一条FSO或RF链路中进行数据传输。根据已有文献[142]，误码率的数学表达式可以表示为

$$P_b = \frac{q^p}{2\Gamma(p)} \int_0^{\infty} \exp(-q\gamma)(\gamma)^{p-1} F_{\gamma^{sc}}(\gamma) \mathrm{d}\gamma \tag{7.14}$$

式中，p 和 q 是用来描述不同二进制调制方案的误码率参数，其具体数值如表7.1所示[142]。

表 7.1　不同二进制调制方案中参数 p 和 q 的取值

Binary Modulation scheme	p	q
Coherent binary phase shift keying(CBPSK)	0.5	1
Differential binary phase shift keying(DBPSK)	1	1
Coherent binary frequency shift keying(CBFSK)	0.5	0.5
Non- coherent binary frequency shift keying (NBFSK)	1	0.5

将等式（7.13）代入等式（7.14）中，并利用已有文献[142]中的公式简化计算，可得混合FSO/RF通信系统的误码率

$$P_{\mathrm{b}} = \frac{\chi^2 A}{32\pi\Gamma(p)\Gamma(m)}\sum_{j=1}^{\beta_1} c_j 2^{\alpha_1+j} G^{1,\,0;\;1,\,1;\;6,\,1}_{0,\,0;\;1,\,2;\;3,\,7}\left(\begin{array}{c|cc|c|c} p & 1 & & J_1 & \dfrac{m}{q\overline{\gamma}^{\mathrm{RF}}},\quad \dfrac{T^2}{16q\mu^{\mathrm{FSO}}} \\ - & m, & 0 & J_2 & \end{array}\right) \tag{7.15}$$

将等式（7.6）代入等式（7.14）中，并利用文献[143]中公式可得FSO通信链路误码率

$$P_{\mathrm{b}} = \frac{\chi^2 A}{32\pi\Gamma(p)}\sum_{j=1}^{\beta_1} c_j 2^{\alpha_1+j} G^{6,\,2}_{4,\,7}\left(\frac{T^2}{16q\mu^{\mathrm{FSO}}}\,\middle|\,\begin{array}{c} 1-p, J_1 \\ J_2 \end{array}\right) \tag{7.16}$$

（二）中断概率

中断概率是指端到端的输出信噪比低于一个特定阈值 γ_{th} 时的概率。因此，本章系统的中断概率可以表示为[144]

$$P_{\mathrm{out}} = P_{\mathrm{r}}(\gamma^{\mathrm{SC}} < \gamma_{\mathrm{th}}) = \int_0^{\gamma_{\mathrm{th}}} f_{\gamma^{\mathrm{sc}}}(\gamma)\mathrm{d}\gamma = F_{\gamma^{\mathrm{sc}}}(\gamma_{\mathrm{th}}) \tag{7.17}$$

将等式（7.13）代入等式（7.17）中，可得混合FSO/RF通信系统的中断概率为

$$P_{\text{out}}=\frac{\chi^2 A}{16\pi\Gamma(m)}\sum_{j=1}^{\beta_1}c_j 2^{\alpha_1+j}G_{0,\ 0;\ 1,\ 2;\ 3,\ 7}^{0,\ 0;\ 1,\ 1;\ 6,\ 1}\left(\begin{matrix}-\\-\end{matrix}\middle|\begin{matrix}1\\m,\ 0\end{matrix}\middle|\begin{matrix}J_1\\J_2\end{matrix}\middle|\frac{m\gamma_{\text{th}}}{\overline{\gamma}^{\text{RF}}},\ \frac{T^2\gamma_{\text{th}}}{16\mu^{\text{FSO}}}\right) \tag{7.18}$$

三、混合FSO/RF通信系统性能仿真

本章从调制方案、湍流强度、衰弱参数和指向性误差等角度，分析了在Málaga湍流信道和Nakagami-m衰弱信道下混合FSO/RF通信系统的误码率和中断概率性能。当传输距离$L=1$ km时，在弱湍流，中等湍流和强湍流条件下，相应Rytov指数σ_R^2分别为0.759 1、1.045 8和2，则M湍流模型参数(α_1，β_1，ρ)分别为(5，3，0.25)(3，2，0.75)和(2，1，0.9)，其他参数为$\Omega=1.326\,5$且$b_0=0.107\,9$，$\varphi_A-\varphi_B=\pi/2$。在本章的仿真中，假设FSO通信链路和RF链路中每比特信噪比是相等的，即$\mu^{\text{FSO}}=\overline{\gamma}^{\text{RF}}$。

当RF信道衰弱参数$m=2$、FSO信道为强湍流且指向性误差参数$\chi=1$时，图7.1展示了在不同SIM调制技术情况下，采用IM/DD方案混合FSO/RF通信系统的误码率与信噪比之间的关系。由图7.1可知，与非相干调制技术（DBPSK和NBFSK）相比，相干调制技术（CBPSK和CBFSK）拥有更高的能量效率和更优的误码率性能，这是因为相干调制技术可以在接收端预知载波相位，从而可以有效地恢复原始信号。例如当信噪比SNR为30 dB时，CBPSK、DBPSK、CBFSK和NBFSK调制技术能达到的误码率分别为1.548×10^{-7}、4.431×10^{-7}、7.805×10^{-7}和2.226×10^{-6}。图7.1表明经过副载波相移键控调制后的信号误码

率性能要优于副载波频移键控调制技术，并且CBPSK的误码率性能最好。

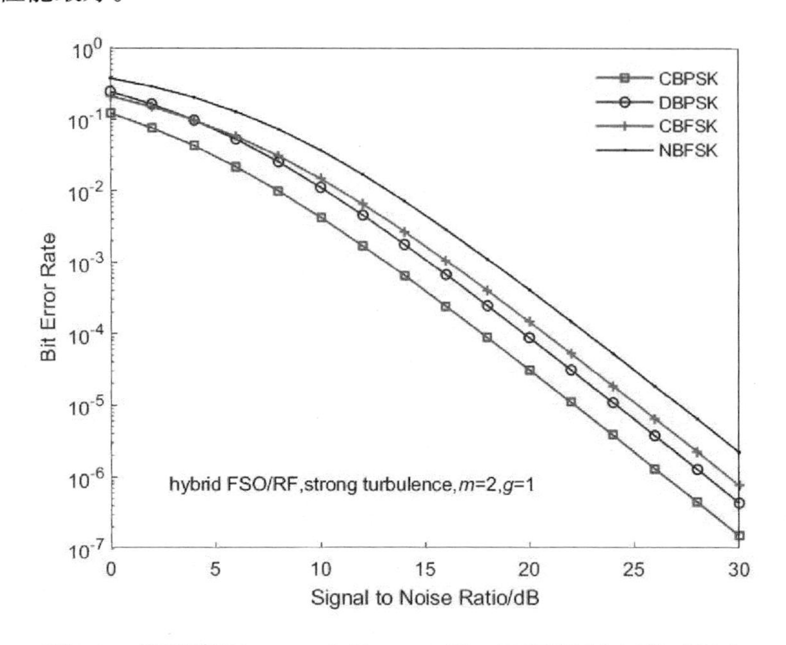

图 7.1　当强湍流、$m=2$且$\chi=1$时，不同调制方案对混合FSO/RF通信系统误码率的影响

当RF信道衰弱参数$m=2$、指向性误差参数$\chi=1$且采用CBPSK调制时，图7.2给出了混合FSO/RF通信系统和单FSO通信系统在不同湍流强度条件下的误码率与信噪比之间的关系。结果显示，混合FSO/RF通信系统的误码率性能显著优于单FSO通信系统的误码率性能；无论是混合FSO/RF通信系统还是单FSO通信系统，随着湍流强度的增加，误码率越大；混合FSO/RF通信系统能显著降低大气湍流效应对系统性能的影响。例如，对于单FSO通信系统，强湍流与弱湍流条件下的误码率之差约为0.03；对于混合FSO/RF通信系统，强湍流与弱湍流条件下的误码率之差为8.479×10^{-8}。

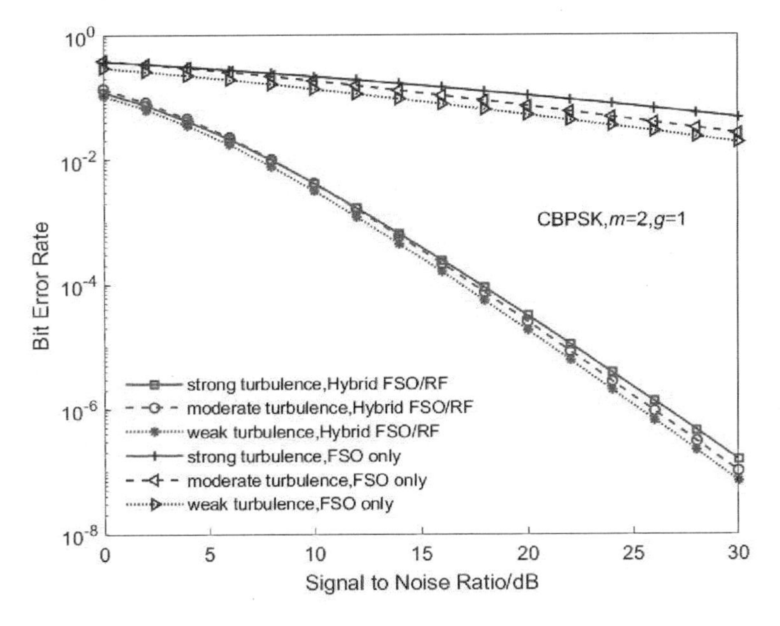

图 7.2　当采用 CBPSK 调制方案、$m = 2$ 且 $\chi = 1$ 时，不同湍流强度对混合 FSO/RF 通信系统和单 FSO 通信系统的误码率的影响

当FSO信道为强湍流、采用CBPSK调制时，图7.3给出了混合FSO/RF通信系统在不同RF信道衰弱参数m和不同指向性误差参数χ条件下的误码率与信噪比之间的关系。由图7.3可以看出，RF信道衰弱参数对混合系统的误码率性能影响较大。例如，当信噪比为20 dB且$\chi = 1$时，$m = 2$的系统误码率为3.138×10^{-5}，而$m = 6$的系统误码率为2.191×10^{-9}。从图7.3也容易得出结论，指向性误差参数对混合系统的误码率性能影响较小。例如，当信噪比为20 dB且$m = 6$时，$\chi = 1$的系统误码率为2.191×10^{-9}，而$\chi = 4$的系统误码率为1.282×10^{-9}。

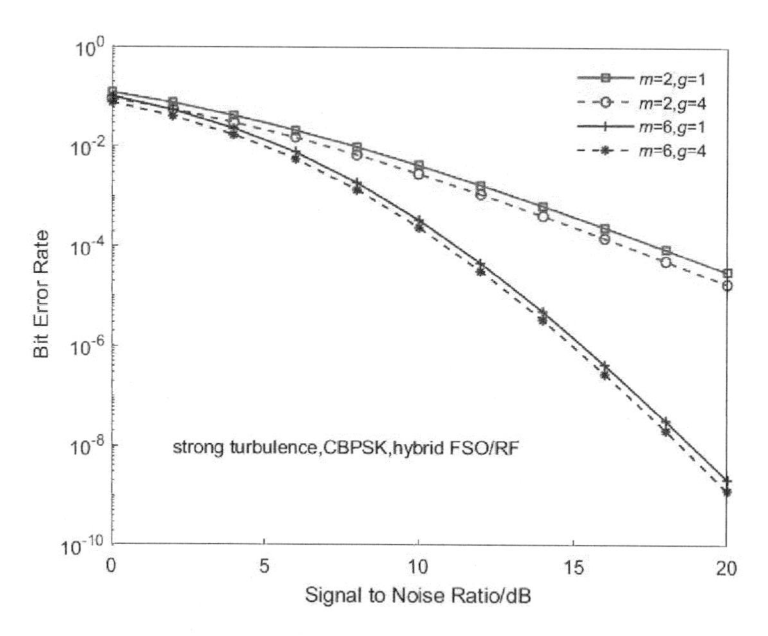

图7.3　在强湍流且CBPSK调制方案下，m和χ取值对混合FSO/RF通信系统误码率的影响

当RF信道衰弱参数$m = 2$且指向性误差参数$\chi = 1$时，图7.4描述了混合FSO/RF通信系统在不同湍流强度和不同判决阈值γ_{th}条件下的中断概率与信噪比的关系。由图7.4可以很容易得出结论：在相同的信道条件下，随着判决阈值γ_{th}的增大，系统中断概率也随之明显增加。例如，当混合FSO/RF通信系统处于强湍流条件时，$\gamma_{th} = 10$ dB系统中断概率为1.46×10^{-6}，而$\gamma_{th} = 20$ dB的系统中断概率为2.345×10^{-5}。由图7.4也很容易看出，在其他条件都相同情况下，随着湍流强度的增加，系统中断概率明显增加。例如当$\gamma_{th} = 10$ dB时，对于弱湍流、中等湍流以及强湍流的系统中断概率分别为1.377×10^{-7}、3.378×10^{-7}和1.46×10^{-6}。

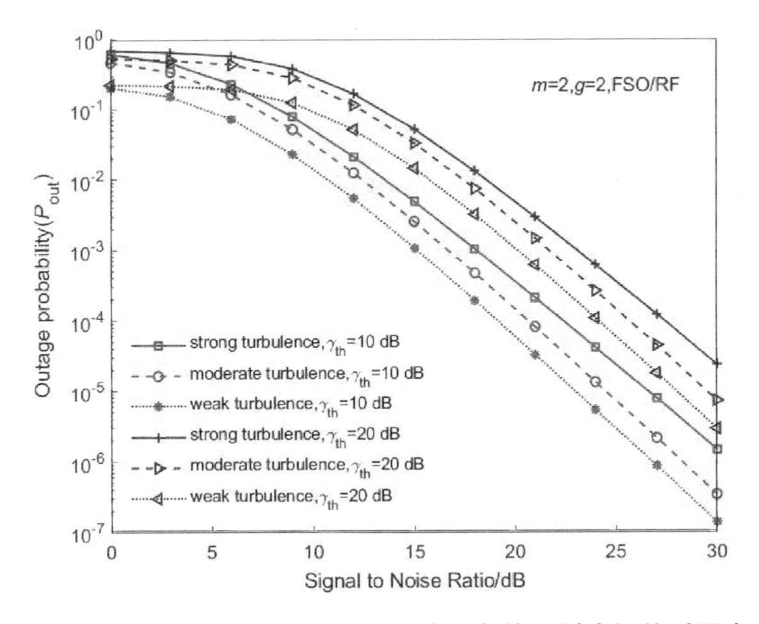

图7.4　当$m=2$和$\chi=1$时，不同湍流条件和判决阈值对混合FSO/RF通信系统中断概率的影响

四、本章小结

在包含指向性误差的Málaga湍流信道和Nakagami-m衰弱信道条件下，本章研究了采用选择合并方案的混合自由空间光/射频通信系统的误码率和中断概率性能指标，并分别推导出它们的数学表达式。理论模拟了四种副载波调制技术（CBPSK、DBPSK、CBFSK、NBFSK）、大气湍流从弱到强变化、不同指向性误差，以及不同RF信道衰弱参数m对混合FSO/RF通信系统和单FSO通信系统的性能影响。仿真结果表明：采用CBPSK副载波调制技术的混合FSO/RF通信系统性能要明显优于其他三种调制技术；混合FSO/RF通信系统性能要远远优于单FSO通信系统，其可以显著降低大气湍流对系统性能的影响，同时在一定程度上抑制了指向性误差对于系统的影响；混合FSO/RF通信系统性能对RF信道衰弱参数的变化较为敏感。

第八章　多种改善方法联合的混合 FSO/RF通信系统性能分析

鉴于目前大部分的缓解研究都是基于单一技术，而较少有对混合多种改善方法进行研究，因此本章联合孔径平均效应、相干调制和选择合并技术的混合FSO/RF通信系统性能进行分析。

在相干通信系统中（图8.1）[79]，发送端使用直接调制（或外调制）方式对光载波进行幅度、频率或相位调制，通常有以下三种方式：幅移键控（Amplitude Shift Keying，ASK），频移键控（Frequency Shift Keying，FSK）和相移键控（Phase Shift Keying，PSK）。在接收端，空间光信号通过光纤耦合器耦合进入光纤，本地振荡激光器产生的光波在混频器中与接收信号叠加，在平衡探测器的输出端产生中频信号，最后将中频信号转换为基带信号（分为零差探测和外差探测两种方式），这种接收端的探测方式称为相干探测[79]。

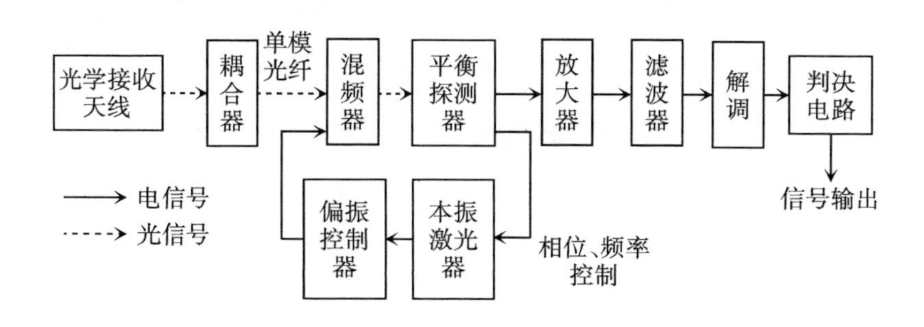

图8.1　相干接收机原理图

首先，本章给出FSO链路的EW湍流模型和RF链路的Nakagami-m衰落模型，并推导出采用选择合并技术的混合FSO/RF通信系统输出信噪比的累积分布函数；其次，利用Meijer-G函数和扩展广义双变量Meijer-G函数推导出混合FSO/RF通信系统的误码率和中断概率的表达式；最后，在不同的通信条件下对混合FSO/RF通信系统性能进行仿真分析，并且比较了混合FSO/RF并行通信系统、混合FSO/RF双跳通信系统与单FSO通信系统的性能优劣。

一、混合FSO/RF信道模型分析

在混合FSO/RF通信系统的发射端，信号经过二进制调制和副载波预调制后被分离为两路信号，并分别通过FSO和RF发射机调制到载波上，随之发射到通信链路中，接收端选择最大信噪比的链路信号进行输出。

（一）FSO通信链路

FSO子系统采用了基于子载波强度调制（SIM）技术的强度调制/直接检测方案（IM/DD），用预调制电副载波信号$m(t)$对连续激光光束进行调制，则调制后光束的发射功率可以表示为$y_t^{\mathrm{FSO}} = P^{\mathrm{FSO}}\left[1 + \xi m(t)\right]$，这里$P^{\mathrm{FSO}}$为FSO链路发射机的平均发射功率，$\xi$为调制指数且满足$-1 < \xi m(t) < 1$，其目的是防止过度调制，本章取$\xi = 1$。在接收端，通过光电探测器将接收到的激光光束通过直接检测的方式转换为电信号，且副载波信号将进一步解调为原始的二进制信号，因此光电探测器的输出信号y^{FSO}

为[136]

$$\gamma^{\mathrm{FSO}} = P^{\mathrm{FSO}}\eta^{\mathrm{FSO}}R\left[1 + \xi m(t)\right]h^{FSO} + n_0^{\mathrm{FSO}} \tag{8.1}$$

这里R为光电探测器的响应率，n_0^{FSO}为均值为0且方差为$\sigma_n^{\mathrm{FSO},\ 0.2}$的加性高斯白噪声，$h^{\mathrm{FSO}}$为FSO链路的信道增益。大气损耗可以由 Beers–Lambert 律得 $\eta^{\mathrm{FSO}} = \exp\left(-\alpha_{\mathrm{att}}L\right)$，其中 α_{att}（单位：dB/km）为仅受天气影响的衰减系数[3]，L为传输距离。在光接收机电解调器的输入端，信噪比可以表示为[137]

$$\gamma^{\mathrm{FSO}} = \frac{\left(P^{\mathrm{FSO}}\eta^{\mathrm{FSO}}R\xi\right)^2}{\sigma_n^{\mathrm{FSO},\ 0.2}}\left(h^{FSO}\right)^2 = \overline{\gamma}^{\mathrm{FSO}}\left(h^{\mathrm{FSO}}\right)^2 \tag{8.2}$$

式中，$\overline{\gamma}^{\mathrm{FSO}}$为平均电信噪比。考虑EW湍流、光束扩展和指向性误差的情况下，在FSO链路中，瞬时电信噪比γ^{FSO}的概率密度函数PDF为[145]

$$f_{\gamma^{\mathrm{FSO}}}\left(\gamma^{\mathrm{FSO}}\right) = \frac{1}{2\sqrt{\gamma^{\mathrm{FSO}}\overline{\gamma}^{\mathrm{FSO}}}}\frac{\alpha_2\chi^2}{\left(\eta A_0\right)^{\chi^2}}\left(\sqrt{\frac{\gamma^{\mathrm{FSO}}}{\overline{\gamma}^{\mathrm{FSO}}}}\right)^{\chi^2-1} \times$$

$$\sum_{j=0}^{\infty}B_j\mathrm{G}_{1,\ 2}^{2,\ 0}\left[C_j\left(\sqrt{\frac{\gamma^{\mathrm{FSO}}}{\overline{\gamma}^{\mathrm{FSO}}}}\right)^{\beta_2}\middle|\begin{matrix}1\\0,\ 1-\dfrac{\chi^2}{\beta_2}\end{matrix}\right] \tag{8.3}$$

式中，$B_j = \dfrac{(-1)^j\Gamma\left(\alpha^2\right)}{j!\Gamma\left(\alpha_2 - j\right)\left(1 + j\right)^{1-\frac{\chi^2}{\beta^2}}}$，$C_j = \dfrac{\left(1 + j\right)}{\left(\eta A_0\right)^{\beta_2}}$。其中，$\chi = \omega/2\sigma_s$是接收机平面等效光束半径（$\omega$）与接收机平面的抖动标准差（$\sigma_s$）之比。$\omega = \omega\sqrt{\pi}\,\mathrm{erf}(v)/2v\exp(-v^2)$，$v = \sqrt{\pi}\,d_r/\sqrt{2}\,\omega$（$d_r$为接收机孔径半径，$\omega$为距离光源$Z_{\mathrm{atm}}$处的光束腰半径），$A_0 = \left[\mathrm{erf}(v)\right]^2$，$\mathrm{erf}(\cdot)$为互补误差函数，$\theta = 2\omega_Z/L$表示光束发散角$\theta$和距离光源$Z_{\mathrm{atm}}$处的光束腰之间的关系。$\alpha_2$和$\beta_2$都是EW湍流的形

状参数，η是尺度参数，它们的值均大于0，可以根据已有文献[49]中公式计算。利用$F_{\gamma^{\mathrm{FSO}}}(\gamma^{\mathrm{FSO}})=\int_0^{\gamma^{\mathrm{FSO}}} f_{\gamma^{\mathrm{FSO}}}(x)\mathrm{d}x$对等式（8.3）进行积分，可得$\gamma^{\mathrm{FSO}}$的累积分布函数CDF为

$$F_{\gamma^{\mathrm{FSO}}}(\gamma^{\mathrm{FSO}})=A_1\left(\sqrt{\frac{\gamma^{\mathrm{FSO}}}{\overline{\gamma}^{\mathrm{FSO}}}}\right)^{\chi^2}\sum_{j=0}^{\infty}B_j\mathrm{G}_{2,\ 3}^{2,\ 1}\left[C_j\left(\sqrt{\frac{\gamma^{\mathrm{FSO}}}{\overline{\gamma}^{\mathrm{FSO}}}}\right)^{\beta_2}\middle|\begin{matrix}\kappa_1\\ \kappa_2\end{matrix}\right] \tag{8.4}$$

式中，$A_1=\dfrac{\alpha_1\chi^2}{\beta_1\left(\eta A_0\right)^{\chi^2}}$，$\kappa_1$为$\left(1-\dfrac{\chi^2}{\beta^2}\right)$，1，且$\kappa_2$为$\left(0，1-\dfrac{\chi^2}{\beta_2}，-\dfrac{\chi^2}{\beta_2}\right)$。

（二）RF链路

在RF子系统的发射端，副载波调制信号$m(t)$首先被向上转换为60 GHz频率的毫米波射频信号，再将其发送到RF链路中。在RF子系统的接收端，RF信号被向下转换并且解调为原始信号。在RF子系统的接收端，输出信号y^{RF}为[138]

$$y^{\mathrm{RF}}=\sqrt{P^{\mathrm{RF}}}\sqrt{\eta^{\mathrm{RF}}}h^{\mathrm{RF}}m(t)+n_0^{\mathrm{RF}} \tag{8.5}$$

式中，P^{RF}为RF链路发射功率，η^{RF}为RF信道损耗，h^{RF}为信道状态，n_0^{RF}是均值为0且方差为$\sigma_n^{\mathrm{FSO},\ 2}$的加性高斯白噪声。在频率为60 GHz时，RF链路的损耗η^{RF}可以表示为[136]

$$\eta^{\mathrm{RF}}=G_{\mathrm{t}}+G_{\mathrm{r}}-20\log_{10}\left(\frac{4\pi Z_{\mathrm{atm}}}{\lambda^{\mathrm{RF}}}\right)-Z_{\mathrm{atm}}\left(\alpha_{\mathrm{oxg}}^{\mathrm{RF}}+\alpha_{\mathrm{rain}}^{\mathrm{RF}}\right) \tag{8.6}$$

式中，G_{t}和G_{r}分别表示RF信道的发送和接收天线增益，λ^{RF}为射频信号波长，$\alpha_{\mathrm{oxg}}^{\mathrm{RF}}$和$\alpha_{\mathrm{rain}}^{\mathrm{RF}}$（单位：dB / km）分别为由氧气吸收和

雨导致的衰减。

接收到的瞬时信噪比（γ^{RF}）可以表示为

$$\gamma^{RF}=\frac{P^{RF}\eta^{RF}\left(h^{RF}\right)^2}{\sigma_n^2}=\overline{\gamma}^{RF}\left(h^{RF}\right)^2 \tag{8.7}$$

式中，$\overline{\gamma}^{RF}$为信噪比。在RF链路的Nakagami-m信道中，信噪比γ^{RF}的概率密度函数PDF为[139]

$$\begin{aligned}F_{\gamma^{RF}}(\gamma^{RF})&=\left(\frac{m}{\overline{\gamma}^{RF}}\right)^m\frac{\gamma^{m-1}}{\Gamma(m)}\exp\left(-\frac{m\gamma^{RF}}{\overline{\gamma}^{RF}}\right)\\&=\left(\frac{m}{\overline{\gamma}^{RF}}\right)^m\frac{\gamma^{m-1}}{\Gamma(m)}G_{0,1}^{1,0}\left(\frac{m\gamma^{RF}}{\overline{\gamma}^{RF}}\middle|\begin{matrix}-\\0\end{matrix}\right)\end{aligned} \tag{8.8}$$

式中，m是RF链路的衰弱参数（$m\geqslant 0.5$）。信噪比γ^{RF}的累积分布函数CDF可以通过积分获得，即

$$F_{\gamma^{RF}}(\gamma^{RF})=\frac{1}{\Gamma(m)}G_{1,2}^{1,1}\left(\frac{m\gamma^{RF}}{\overline{\gamma}^{RF}}\middle|\begin{matrix}1\\m,\ 0\end{matrix}\right) \tag{8.9}$$

（三）基于选择合并技术的混合FSO/RF通信系统

在混合FSO/RF通信系统中采用了选择合并技术，它通过检测每条链路的电信噪比SNR并且选择最大信噪比的信号来实现。因此，选择合并器的输出信噪比γ^{SC}[140]可以表示为

$$\gamma^{SC}=\max\left(\gamma^{FSO},\ \gamma^{RF}\right) \tag{8.10}$$

因此，信噪比γ^{SC}的累积分布函数CDF[140]可以表示为

$$\begin{aligned}F_{\gamma^{SC}}(\gamma)&=P_r\left(\max\left(\gamma^{FSO},\ \gamma^{RF}\right)\leqslant\gamma\right)=P_r\left(\gamma^{FSO}\leqslant\gamma,\ \gamma^{RF}\leqslant\gamma\right)\\&=F_{\gamma^{FSO}}(\gamma)F_{\gamma^{RF}}(\gamma)\end{aligned} \tag{8.11}$$

将等式（8.4）和等式（8.9）代入等式（8.11），可得选择合

并器输出信噪比γ^{SC}的累积分布函数CDF为

$$F_{\gamma^{sc}}(\gamma)=\frac{A_1}{\Gamma(m)}\left(\frac{\gamma}{\overline{\gamma}^{FSO}}\right)^{\frac{\chi^2}{2}}\sum_{j=0}^{\infty}B_j G_{1,2}^{1,1}\left(\frac{m\gamma}{\overline{\gamma}^{RF}}\middle|\begin{matrix}1\\ m,\ 0\end{matrix}\right)\times$$

$$G_{2,3}^{2,1}\left[C_j\left(\frac{\gamma}{\overline{\gamma}^{FSO}}\right)^{\frac{\beta_2}{2}}\middle|\begin{matrix}\kappa_1\\ \kappa_2\end{matrix}\right]\tag{8.12}$$

利用已有文献[123]中的公式，上式可以写为

$$F_{\gamma^{sc}}(\gamma)=\frac{A_1}{\Gamma(m)}\left(\frac{\gamma}{\overline{\gamma}^{FSO}}\right)^{\frac{\chi^2}{2}}\times$$

$$\sum_{j=0}^{\infty}B_j G_{0,\ 0;1,\ 2;2,\ 3}^{0,\ 0;1,\ 1;2,\ 1}\left[\begin{matrix}-\\ -\end{matrix}\middle|\begin{matrix}1\\ m,\ 0\end{matrix}\middle|\begin{matrix}\kappa_1\\ \kappa_2\end{matrix}\middle|\frac{m\gamma_{th}}{\overline{\gamma}^{RF}},C_j\left(\frac{\gamma}{\overline{\gamma}^{FSO}}\right)^{\frac{\beta_2}{2}}\right]\tag{8.13}$$

式中，函数$G_{0,\ 0;1,\ 2;2,\ 3}^{0,\ 0;1,\ 1;2,\ 1}(\cdot)$为扩展广义双变量Meijer-G函数（The Extended Generalised Bivariate Meijer's G-Function，EGBMGF）。

二、混合FSO/RF通信系统性能分析

（一）误码率

对混合FSO/RF通信系统，二进制调制方案被用于任意一条FSO或RF链路中进行数据传输。根据已有文献[142]，误码率的数学表达式可以表示为

$$P_b=\frac{q^p}{2\Gamma(p)}\int_0^{\infty}(\gamma)^{p-1}\mathrm{e\,xp}(-q\gamma)F_{\gamma^{sc}}(\gamma)\mathrm{d}\gamma\tag{8.14}$$

这里，p 和 q 是用来描述不同二进制调制方案的误码率参数，如表7.1所示。

将等式（8.13）代入等式（8.14）可得混合FSO/RF通信系统的误码率为

$$P_b = \frac{A_1 q^p}{2\Gamma(p)\Gamma(m)}\left(\overline{\gamma}^{FSO}\right)^{-\chi^2/2}\sum_{j=0}^{\infty}B_j\int_0^{\infty}(\gamma)^{(\chi^2/2)+p-1}\times$$

$$\exp(-q\gamma)G_{0,\ 0;1,\ 2;2,\ 3}^{0,\ 0;1,\ 1;2,\ 1}\left[\begin{matrix}- \\ -\end{matrix}\left|\begin{matrix}1 \\ m,\ 0\end{matrix}\right|\begin{matrix}\kappa_1 \\ \kappa_2\end{matrix}\left|\frac{m\gamma_{th}}{\overline{\gamma}^{RF}}, C_j\left(\frac{\gamma}{\overline{\gamma}^{FSO}}\right)^{\frac{\beta_2}{2}}\right.\right]d\gamma \tag{8.15}$$

根据文献[146,147]可知，形如 $\int_a^{\infty}(x-a)^c\exp\left(-b(x-a)\right)f(x)dx \approx \sum_{\tau=1}^{n}w_\tau f(x_\tau)$ 为广义高斯—拉盖尔积分的级数展开式，这里 w_τ 为权重函数，x_τ 为横坐标的特殊点。当系数 a、b、c 和 n 确定时（本章中 n 值取30），可以通过软件[148]求解出 w_τ 和 x_τ 的值。因此等式（8.15）可以简化为

$$P_b = \frac{A_1 q^p}{2\Gamma(p)\Gamma(m)}\left(\overline{\gamma}^{FSO}\right)^{-\chi^2/2}\sum_{j=0}^{\infty}B_j\sum_{\tau=1}^{n}w_\tau\times$$

$$G_{0,\ 0;1,\ 2;2,\ 3}^{0,\ 0;1,\ 1;2,\ 1}\left[\begin{matrix}- \\ -\end{matrix}\left|\begin{matrix}1 \\ m,\ 0\end{matrix}\right|\begin{matrix}\kappa_1 \\ \kappa_2\end{matrix}\left|\frac{mx_\tau}{\overline{\gamma}^{RF}}, C_j\left(\frac{x_\tau}{\overline{\gamma}^{FSO}}\right)^{\frac{\beta_2}{2}}\right.\right] \tag{8.16}$$

当 $q=1$ 时，根据已有文献[149]可知，这里 x_τ 为广义拉盖尔多项式 $L_n^{(-1/2)}(x)$ 的 τ 次方根，相应的权重系数为 $w_\tau = \Gamma\left[n+(1/2)x_t\right]/\left\{n!(n+1)^2\left[L_{n+1}^{(-1/2)}(x_t)\right]^2\right\}$。

（二）中断概率

中断概率是指端到端的输出信噪比低于一个特定阈值 γ_{th} 时的概率。因此，本章系统的中断概率可以表示为[144]

$$P_{out} = P_r(\gamma^{SC} < \gamma_{th}) = \int_0^{\gamma_{th}} f_{\gamma^{SC}}(\gamma)\mathrm{d}\gamma = F_{\gamma^{SC}}(\gamma_{th}) \tag{8.17}$$

将等式（8.13）代入等式（8.17）中，可得混合FSO/RF通信系统中断概率为

$$P_{out} =$$

$$\frac{A_1}{\Gamma(m)}\left(\frac{\gamma_{th}}{\overline{\gamma}^{FSO}}\right)^{\frac{\chi^2}{2}}\sum_{j=0}^{\infty}B_j G_{0,\ 0;1,\ 2;2,\ 3}^{0,\ 0;1,\ 1;2,\ 1}\left[\begin{array}{c|c|c|c} - & 1 & \kappa_1 & \frac{m\gamma_{th}}{\overline{\gamma}^{RF}}, C_j\left(\frac{\gamma_{th}}{\overline{\gamma}^{FSO}}\right)^{\frac{\beta_2}{2}} \\ - & m,0 & \kappa_2 & \end{array}\right] \tag{8.18}$$

三、混合FSO/RF通信系统性能仿真

本章考察指向性误差、光束扩展和大气湍流等多种因素，对混合FSO/RF通信系统的性能参数的影响。为了方便比较两种混合结构的通信系统性能，本章采用了文献[145]（采用混合FSO/RF双跳结构）中给出了系统参数和EW湍流参数：接收平面光束腰半径 ω_Z = 10 cm，抖动标准差 σ_s = 10 cm（本章仿真中的两个固定参数）；当雷诺方差 $\sigma_R^2 = 0.24$ 时，$(\alpha_2, \beta_2, \eta) = (3.64, 1.94, 0.72)$ 和 $(\alpha_2, \beta_2, \eta) = (3.57, 2, 0.74)$ 分别是接收机孔径直径 D 为15 cm和20 cm的弱湍流参数；当 $\sigma_R^2 = 1.79$ 时，$(\alpha_2, \beta_2, \eta) = (5.58, 0.68, 0.25)$ 和 $(\alpha_2, \beta_2, \eta) = (5.54, 0.69, 0.27)$ 分别是接收机孔径直径 D 为15 cm和20 cm的弱湍流参数；当接收机孔径

直径D为20 cm时，强湍流参数为$(\alpha_2, \beta_2, \eta)=(5.97, 0.45, 0.1)$。

当RF信道衰弱参数为$m = 2$、接收机孔径直径$D = 15$ cm且FSO信道为中等湍流时，图8.2展示了在不同SIM调制技术情况下，采用IM/DD方案混合FSO/RF通信系统的误码率BER与信噪比SNR之间的关系。

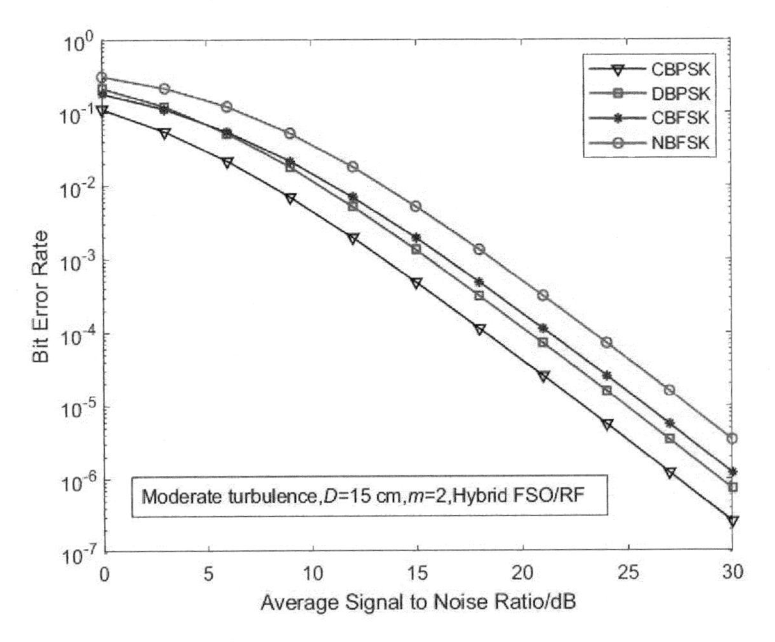

图8.2　在中等湍流、$m = 2$且$D = 15$ cm时，不同调制技术对混合FSO/RF通信系统误码率的影响

由图8.2可知，与非相干调制技术（DBPSK和NBFSK）相比，相干调制技术（CBPSK和CBFSK）拥有更高的能量效率和更优的误码率性能，这是因为相干调制技术可以在接收端预知载波相位，从而可以有效地恢复原始信号。比如当信噪比SNR为30 dB时，CBPSK、DBPSK、CBFSK和NBFSK调制技术能达到的误码率分别为2.606×10^{-7}、7.353×10^{-7}、1.208×10^{-6}和3.431×10^{-6}。图8.2表明经过副载波相移键控调制后的信号误码率性能要优于副载波频移键控调制技术，并且CBPSK的误码率性能最好。进一步将图8.2与文献[145]中的图4进行对比分析：中等湍流条件下，采用BPSK调制且接收机孔径直径为20 cm（不考虑指向性误差）的混合FSO/RF双跳系统在信噪比为30 dB时的误码率高于10^{-5}，而本章采用的四种调制方式且接收机孔径直径为15 cm（考虑指向性误差）的混合FSO/RF并行系统在信噪比为30 dB时的误码率均低于10^{-5}。综合上述结果可知，采用四种调制技术（CBPSK、DBPSK、CBFSK和NBFSK）的混合FSO/RF并行系统的误码率性能显著优于采用BPSK调制的混合FSO/RF双跳系统。

当RF信道衰弱参数为$m = 2$、且采用CBPSK调制时，图8.3给出了混合FSO/RF通信系统在不同湍流强度和不同接收机孔径直径条件下的误码率与信噪比之间的关系。结果显示，在弱湍流时，孔径平均效应能明显提升混合FSO/RF通信系统的误码率性能；随着湍流强度的增大，利用孔径平均效应提升混合系统的误码率性能效果越来越弱。这是因为混合FSO/RF通信系统本身就具有缓解湍流和指向性误差影响的能力，而利用孔径平均效应进一步提升误码率性能的能力有限，即在相同湍流条件下由孔径平均效应带来的混合系统误码率增量的绝对值较小。例如，对于弱湍流条件，$D = 15$ cm和$D = 20$ cm时信噪比在30 dB的系统误码率之差绝对值约为2.837×10^{-8}；而对于中等湍流条件，$D = 15$ cm和$D = 20$ cm时信噪比在30 dB的系统误码率之差绝对值约为3.83×10^{-8}。进一步将图8.3与已知文献[145]中的图5和图6进行对比分析得到：中等湍流条件下，采用BPSK调制且接收机孔径直径为20 cm（不考虑指向性误差）的混合FSO/RF双跳系统在信噪比为20 dB时的误码率略高于10^{-3}，而本章采用的CBPSK调制方式且接收机孔径直径为20 cm（考虑指向性误差）的混合FSO/RF并行系统在信噪比为20 dB时的误码率均低于10^{-4}，由此可知孔径平均效应均能提升这两种系统的误码率性能，这是因为该两种结构的系统均能对湍流和指向性误差进行补偿。但采用CBPSK调制的混合FSO/RF并行系统的误码率性能要明显优于采用BPSK调制的混合FSO/RF双跳系统。

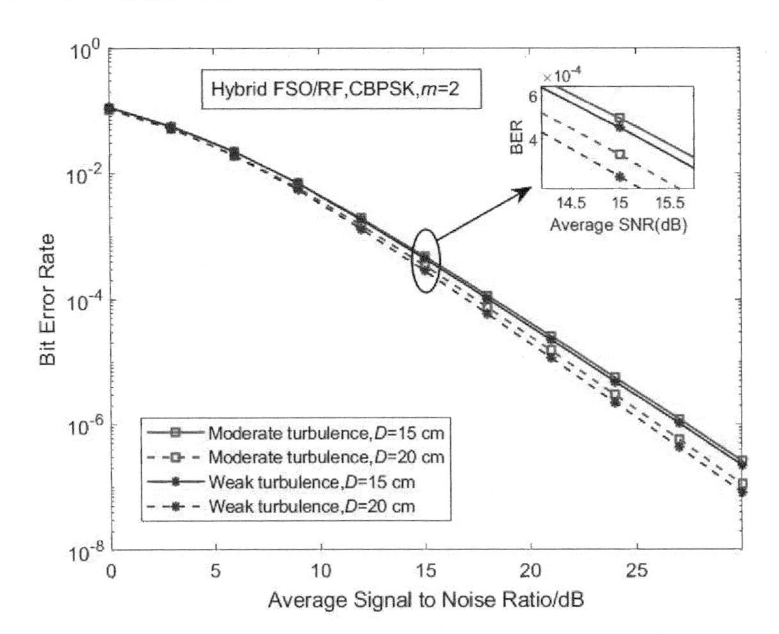

图8.3　当采用CBPSK调制且$m=2$时，不同湍流强度和不同接收机孔径直径对混合FSO/RF通信系统误码率的影响

当$D=20$ cm且采用CBPSK调制时，图8.4给出了混合FSO/RF通信系统在不同RF信道衰弱参数m和湍流条件下的误码率BER与信噪比SNR之间的关系。

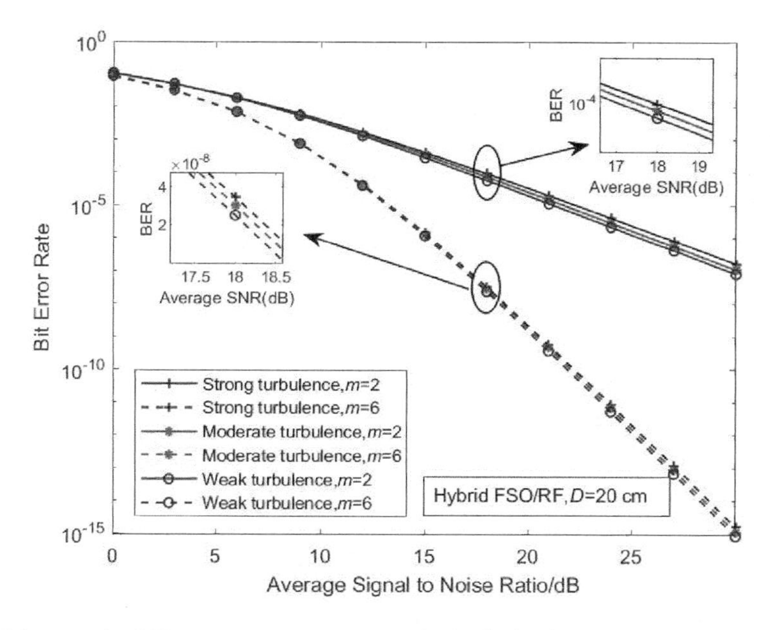

图8.4　当采用$D = 20$ cm且CBPSK调制方式时，不同湍流强度和不同衰弱参数对混合FSO/RF通信系统误码率的影响

从图8.4可以看出，RF信道衰弱参数对混合系统的误码率性能影响较大，即m越大则误码率性能越好。这是因为当FSO链路性能恶化时，RF链路的良好状态能较大地提升整个系统的误码率性能。例如，当信噪比为30 dB且强湍流条件时，$m = 2$的系统误码率为1.69×10^{-7}，而$m = 6$的系统误码率为1.634×10^{-15}。从图8.4也容易得出，随着RF信道衰弱参数m的增大，不同湍流强度对系统误码率的影响会进一步减小。例如，当$m = 2$，由弱到强的湍流条件下在信噪比为30 dB时，系统误码率之差绝对值约为8.707×10^{-8}；当$m = 2$，在由弱到强的湍流条件下且信噪比为30 dB时，系统误码率之差绝对值约为8×10^{-16}。进一步将图8.4与已知文献[145]中的图7进行对比分析：在强湍流条件下，对于$m = 1$和$m = 3$时，采用BPSK调制且接收机孔径直径为20 cm

（不考虑指向性误差）的混合FSO/RF双跳系统在信噪比为30 dB时的误码率均约为2×10^{-3}（$m = 3$时的误码率略低）；对于$m = 2$和$m = 6$时，本章采用的CBPSK调制方式且接收机孔径直径为20 cm（考虑指向性误差）的混合FSO/RF并行系统在信噪比为30 dB时的误码率分别约为10^{-7}和10^{-15}。随着RF信道衰弱参数m的值增大，两种混合结构系统的性能都能得到有效改善。然而就采用BPSK的混合FSO/RF双跳系统而言，采用CBPSK的混合FSO/RF并行系统的误码率性能对于参数m的变化更加敏感。

当RF信道衰弱参数式$m = 2$，判决阈值γ_{th}为10 dB，$D = 20$ cm且CBPSK调制条件下，图8.5描述了混合FSO/RF通信系统和单FSO通信系统在不同湍流强度的中断概率与信噪比的关系。由图8.5可以很容易得出结论：相对于单FSO通信系统而言，混合FSO/RF通信系统具有更小的中断概率，且不同湍流强度对混合系统的差异较小。这是因为混合系统具有更好的改善湍流和指向性误差的作用。例如，在信噪比为30 dB时，弱湍流和强湍流条件下混合系统的中断概率之差的绝对值约为3.506×10^{-5}，而单FSO通信系统的中断概率之差的绝对值约为0.177 7。进一步将图8.5与已知文献[145]中的图2和图3进行对比分析：已知在弱湍流条件下，采用BPSK调制且接收机孔径直径为20 cm（考虑指向性误差）的混合FSO/RF双跳系统在信噪比为30 dB时的中断概率约为5×10^{-3}；本章采用的CBPSK调制方式且接收机孔径直径为20 cm（考虑指向性误差）的混合FSO/RF并行系统在信噪比为30 dB时的误码率为3.918×10^{-5}。因此，采用CBPSK调制的混合FSO/RF并行系统的系统中断性能显著优于采用BPSK调制的混合FSO/RF双跳系统。

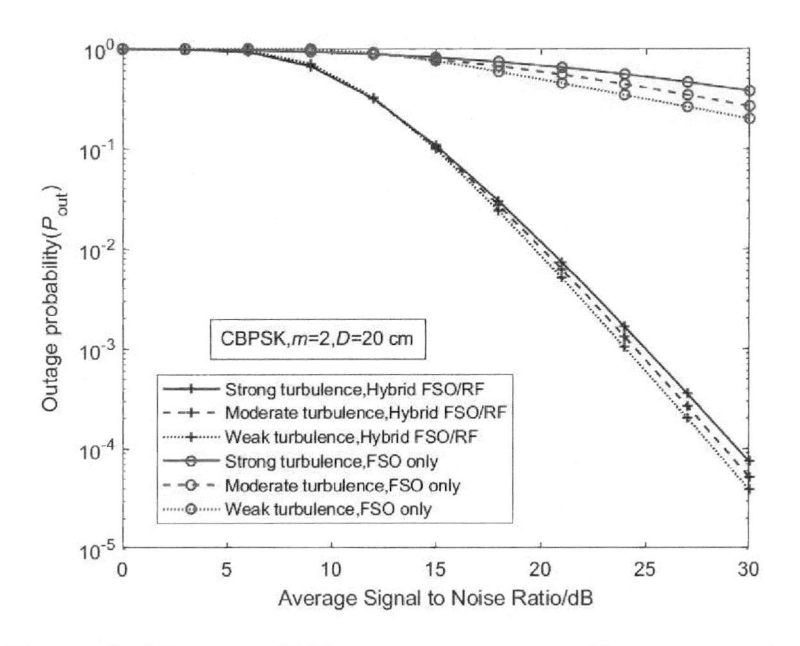

图8.5　当采用CBPSK调制、$m=2$、$D=20$ cm且$\gamma_{th}=10$ dB时，不同湍流强度对混合FSO/RF通信系统和单FSO通信系统的中断概率的影响

四、本章小结

在包含指向性误差的EW湍流信道和Nakagami-m衰落信道条件下，本章研究了采用选择合并技术的混合自由空间光/射频通信系统的误码率和中断概率性能指标，并推导出它们的表达式。理论模拟了四种副载波调制技术（CBPSK、DBPSK、CBFSK、NBFSK）、大气湍流从弱到强变化、不同指向性误差，以及不同RF衰弱参数m对混合FSO/RF通信系统和单FSO通信系统的性能影响。本章重点分析了结合孔径平均效应、选择合并技术和CBPSK调制技术对混合FSO/RF通信系统的影响，并在相同的参数情况下与混合FSO/RF双跳系统进行了性能对比。仿真结果表明：采用CBPSK副载波调制技术的混合FSO/RF通信系统性能明显优于其他三种调制技术；混合FSO/RF通信系统性能远远优于单FSO通信系统，显著降低了大气湍流效应对系统性能的影响；采用CBPSK调制的混合FSO/RF并行系统的误码率和中断概率性能显著优于采用BPSK调制的混合FSO/RF双跳系统，且采用CBPSK调制的混合FSO/RF并行系统对衰弱参数m更加敏感；孔径平均效应能进一步提升混合FSO/RF通信系统性能，但是进一步提升性能的能力有限。

第九章　总结与展望

一、总结

本书在信道的统计模型和功率模型基础上，理论分析了复杂大气环境对自由空间光通信系统性能的影响，并对最新的改善方法进行了深入研究，取得的主要创新成果如下。

（1）在信道的功率模型基础上，综合雾、卷云、湍流、天空背景光、光束扩展、ATP的指向性误差等因素，推导出斜程路径下自由空间光通信系统的接收光功率的数学表达式，并对系统性能参数进行仿真分析，得到以下几方面结论。

①空地激光链路受湍流影响明显，而中等浓度的雾对接收光功率的影响相对较弱；强湍流条件时，可以忽略不同中等能见度的雾对通信系统的影响差别。当海拔为6 km、能见度为5 km且中等湍流强度时，接收光功率为–48.22 dBm；当海拔为6 km、能见度为10 km且中等湍流强度时，接收光功率为–44.08 dBm；当海拔为6 km、能见度为5 km且弱湍流强度时，接收光功率为–14.27 dBm。

②与NRZ–OOK调制方式相比，当采用16–PPM调制方式时，通信距离和误码率性能都有明显提高。强湍流条件下，采用

NRZ-OOK调制方式且通信的海拔小于1.6 km时，最大系统误码率为7.5×10^{-5}，而对于采用16-PPM调制方式且通信的海拔小于2.2 km时，最大系统误码率为3.6×10^{-6}。

（2）在信道的统计模型基础上，利用不同的湍流模型（Málaga模型和Exponential Weibull模型）和零视轴指向性误差模型建立联合水平信道模型，并且推导出它们系统性能参数（误码率、平均信道容量，以及中断概率）的数学表达式，并仿真分析了不同的光束发散角和不同接收机孔径直径对系统性能的影响，得到以下结论：

①在抖动程度较小时，不同湍流强度对通信系统的各性能参数影响较大；而抖动程度较大时，不同湍流强度对通信系统的各性能参数影响较小。

②光束发散角大于0.15×10^{-3} rad时，发散角存在极值点使得通信系统性能参数达到最优。午夜湍流环境下，当σ_s/d_r为1且$\theta=0.16\times10^{-3}$ rad时中断概率达到极小值约为$10^{-7.8}$，当σ_s/d_r为2且$\theta=0.4\times10^{-3}$ rad时中断概率达到极小值约为10^{-6}，当σ_s/d_r为4且$\theta=0.8\times10^{-3}$ rad时中断概率达到极小值约为10^{-4}。抖动程度越强，极值点对应的发散角越大。

③孔径平均效应不仅能改善湍流对系统性能恶化影响，还能明显改善轻中浓度雾对系统造成的负面影响。

（3）考虑天气环境、Exponential Weibull湍流，以及非零视轴广义指向性误差等因素，对部分相干光FSO通信系统建立联合水平信道模型，并且推导出部分相干光FSO通信系统性能参数（误码率、平均信道容量，以及中断概率）的数学表达式，并仿真分析了空间相干长度、发射机平面光斑尺寸、接收机孔径直径，以及视轴偏移等参数对通信系统性能的影响，得到以下结论：

①当牺牲较少平均信道容量且信噪比超过一定阈值时，减小部分相干光的空间相干长度或者增大发射机平面光束腰半径，均能获得误码率和中断概率性能的显著提升。

②随着信噪比和湍流强度的增大，部分相干光系统对误码率和中断概率性能的改善效果越明显。

③增大接收机孔径直径，使得孔径平均效应越明显，能够显著提升系统的整体性能指标。当 $\omega_0 = 4$ cm、$l_c = 7$ mm、强湍流且信噪比为61 dB时，接收机孔径直径分别为10 cm和20 cm时对应的误码率分别为 2.419×10^{-5} 和 1.009×10^{-9}。

④当视轴偏差处于合理接收范围内，抖动程度的增大是导致系统性能急剧恶化的主要原因。

（4）对两种不同的混合FSO/RF通信系统模型（Málaga湍流模型与Nakagami-m衰落信道模型，Exponential Weibull湍流信道与Nakagami-m衰落信道模型）进行了理论分析，推导出混合系统的性能参数（误码率与中断概率）的数学表达式，对系统性能参数进行仿真分析，得到以下结论：

①采用CBPSK副载波调制技术的混合FSO/RF通信系统性能要明显优于其他三种调制技术（DBPSK、CBFSK、NBFSK），当信噪比SNR为30dB时，CBPSK、DBPSK、CBFSK和NBFSK调制技术能达到的误码率分别为 1.548×10^{-7}、4.431×10^{-7}、7.805×10^{-7} 和 2.226×10^{-6}。

②混合FSO/RF通信系统性能要远远优于单FSO通信系统，显著降低了大气湍流效应对系统性能的影响。当信噪比为30 dB

时，在弱、中、强湍流环境下，相比于单FSO通信系统而言，混合系统的误码率性能均提升了6个数量级。

③采用CBPSK调制的混合FSO/RF并行系统的误码率和中断概率性能要显著优于采用BPSK调制的混合FSO/RF双跳系统，且采用CBPSK调制的混合FSO/RF并行系统对于衰弱参数m更加敏感。当信噪比为30 dB时，采用CBPSK调制且$D = 20$ cm，相比衰弱参数$m = 2$而言，$m = 6$时混合系统误码率性能提升了8个数量级。

④孔径平均效应能进一步提升混合FSO/RF通信系统性能，但是进一步性能补偿的能力有限。在信噪比为30 dB时，对于弱湍流条件，$D = 15$ cm和$D = 20$ cm时信噪比在30 dB的系统误码率之差绝对值约为2.837×10^{-8}；而对于中等湍流条件，$D = 15$ cm和$D = 20$ cm时信噪比在30 dB的系统误码率之差绝对值约为3.83×10^{-8}。

二、展望

本书针对综合多种因素的复杂大气环境对自由空间光通信系统性能的影响进行了理论推导与仿真分析，对部分改善方法进行了深入研究，但仍然存在一些需要继续探究的问题：

（1）本书在功率视角情况下，尽管研究了云雾天气对斜程传输路径下空地激光通信系统链路性能的影响，但是云雨、云雪等天气对斜程传输路径下空地激光通信系统性能的影响还未涉及。下一步计划研究更多的复杂天气对斜程传输路径下空地激光通信系统的影响。

（2）本书研究了基于选择合并技术的FSO/RF通信系统性能分析，未涉及其他的合并技术和混合结构，因此下一步计划研究其他的合并技术和混合结构对系统性能的影响。

（3）本书研究了光束发散角、接收机孔径直径、部分相干光以及混合FSO/RF通信系统等改善方法对系统性能的提升，下一步计划研究更多的改善方法，例如OAM复用技术、偏振调制技术、逆向调制技术、多光束技术等。

（4）本书尝试研究了孔径平均效应、相干调制，以及选择合并的FSO/RF等多种改善方法混合的方式对系统性能进行提升，下一步计划研究更多类型的改善方法进行混合，使得系统性能得到更好的优化。

参考文献

［1］姜会林，安岩，张雅琳，等.空间激光通信现状、发展趋势及关键技术分析［J］.飞行器测控学报，2015，34（3）：207-217.

［2］李菲，秦来安，吴延徽，等.大气对自由空间光通信的影响机理及改善方法［J］.大气与环境光学学报，2012，7（2）：81-88.

［3］Prokes A. Atmospheric effects on availability of free space optics systems［J］. Optical Engineering, 2009, 48 (6): 066001.

［4］Al Naboulsi M, Sizun H, De Fornel F. Fog attenuation prediction for optical and infrared waves［J］. Optical Engineering, 2004, 43 (2): 319-329.

［5］Al Naboulsi M. Measured and predicted light attenuation in dense coastal upslope fog at 650, 850, and 950 nm for free-space optics applications［J］. Optical Engineering, 2008, 47 (3): 036001.

［6］Grabner M, Kvicera V. Fog attenuation dependence on atmospheric visibility at two wavelengths for FSO link planning［C］. 2010 Loughborough Antennas & Propagation Conference, 2010: 193-196.

［7］Nadeem F, Javornik T, Leitgeb E, et al. Continental fog attenuation empirical relationship from measured visibility data［J］.

Radioengineering, 2010, 19 (4): 596–600.

[8] Ijaz M, Ghassemlooy Z, Le Minh H, et al. Analysis of fog and smoke attenuation in a free space optical communication link under controlled laboratory conditions [C]. 2012 International Workshop on Optical Wireless Communications (IWOW), 2012: 1–3.

[9] Ijaz M, Ghassemlooy Z, Pesek J, et al. Modeling of fog and smoke attenuation in free space optical communications link under controlled laboratory conditions [J]. Journal of Lightwave Technology, 2013, 31 (11): 1720–1726.

[10] Ijaz M, Ghassemlooy Z, Perez J, et al. Enhancing the atmospheric visibility and fog attenuation using a controlled FSO channel [J]. IEEE Photonics Technology Letters, 2013, 25 (13): 1262–1265.

[11] Ijaz M, Ghassemlooy Z, Gholami A, et al. Smoke attenuation in free space optical communication under laboratory controlled conditions [C]. 2014 7th International Symposium on Telecommunications, 9–11 September, 2014: 758–762.

[12] Esmail M A, Fathallah H, Alouini M-S. Analysis of fog effects on terrestrial Free Space optical communication links [C]. 2016 IEEE International Conference on Communications Workshops (ICC), 2016: 151–156.

[13] Esmail M A, Fathallah H, Alouini M S. Outdoor FSO Communications Under Fog: Attenuation Modeling and Performance Evaluation [J]. IEEE Photonics Journal, 2016, 8 (4): 7905622.

[14] Grabner M, Kvicera V. On the relation between atmospheric visibility and the drop size distribution of fog for FSO link planning

[C]. 2009 35th European Conference on Optical Communication, 2009: 1–2.

[15] Muhammad S S, Awan M S, Rehman A. PDF Estimation and Liquid Water Content Based Attenuation Modeling for Fog in Terrestrial FSO Links [J]. Radioengineering, 2010, 19 (2): 228–236.

[16] Csurgai-Horváth L, Frigyes I. Characterization of fog by liquid water content for use in free space optics [C]. Proceedings of the 11th International Conference on Telecommunications, 2011: 189–194.

[17] Rahman A, Anuar M S, Aljunid S A, et al. Study of rain attenuation consequence in free space optic transmission [C]. 2008 6th National Conference on Telecommunication Technologies and 2008 2nd Malaysia Conference on Photonics, 2008: 64–70.

[18] Zabidi S A, Islam M R, Al-Khateeb W, et al. Analysis of rain effects on terrestrial free space optics based on data measured in tropical climate [J]. IIUM Engineering Journal, 2011, 12 (5): 45–51.

[19] Suriza A, Wajdi A, Rafiqul I M, et al. Preliminary analysis on the effect of rain attenuation on Free Space Optics (FSO) propagation measured in tropical weather condition [C]. Proceeding of the 2011 IEEE International Conference on Space Science and Communication (IconSpace), 2011: 96–101.

[20] Brazda V, Schejbal V, Fiser O. Rain impact on FSO link attenuation based on theory and measurement [C]. 2012 6th European Conference on Antennas and Propagation (EUCAP), 2012: 1239–1243.

[21] Grabner M. Rain attenuation measurement and prediction on

parallel 860-nm free space optical and 58-GHz millimeter-wave paths [J]. Optical Engineering, 2012, 51 (3): 031206.

[22] Al-Gailani S A, Mohammad A B, Sheikh U U, et al. Determination of rain attenuation parameters for free space optical link in tropical rain [J]. Optik, 2014, 125 (4): 1575–1578.

[23] Korai U, Luini L, Nebuloni R, et al. Modeling statistics of rain attenuation affecting FSO links: A case study [C]. 2016 10th European Conference on Antennas and Propagation (EuCAP), 2016: 1–4.

[24] Rasmussen R M, Vivekanandan J, Cole J, et al. The estimation of snowfall rate using visibility [J]. Journal of Applied Meteorology, 1999, 38 (10): 1542–1563.

[25] Nebuloni R, Capsoni C. Laser attenuation by falling snow [C]. 2008 6th International Symposium on Communication Systems, Networks and Digital Signal Processing, 2008: 265–269.

[26] Nadeem F, Awan M S, Leitgeb E, et al. Comparing the cloud attenuation for different optical wavelengths [C]. 2009 International Conference on Emerging Technologies, 2009: 482–486.

[27] Awan M S, Leitgeb E, Hillbrand B, et al. Cloud attenuations for free-space optical links [C]. 2009 International Workshop on Satellite and Space Communications, 2009: 274–278.

[28] Rammprasath K, Prince S. Analyzing the cloud attenuation on the performance of free space optical communication [C]. 2013 International Conference on Communication and Signal Processing, 2013: 791–794.

[29] Brázda V, Fišer O. First results from measurement of free

space optical link in clouds［C］. 2014 24th International Conference Radioelektronika, 2014: 1–4.

［30］Tyson R K. Bit-error rate for free-space adaptive optics laser communications［J］. Journal of the Optical Society of America A, 2002, 19 (4): 753–758.

［31］姜义君. 星地激光通信链路中大气湍流影响的理论和实验研究［D］. 哈尔滨：哈尔滨工业大学，2010.

［32］Majumdar A K, Davis C. Free-space laser communications: principles and advances［M］. Springer Science & Business Media, New York, 2008.

［33］Andrews L C, Phillips R L, Hopen C Y. Laser beam scintillation with applications［M］. SPIE Press, 2001.

［34］Garcia-Zambrana A. Error rate performance for STBC in free-space optical communications through strong atmospheric turbulence［J］. IEEE Communications Letters, 2007, 11 (5): 390–392.

［35］Samimi H. Performance analysis of free-space optical links with transmit laser selection diversity over strong turbulence channels［J］. IET Communications, 2011, 5 (8): 1039–1043.

［36］Mingbo N, Julian C, Holzman J F. Error Rate Analysis of M-ary Coherent Free-space Optical Communication Systems with K-distributed Turbulence［J］. IEEE Transactions on Communications, 2011, 59 (3): 664–668.

［37］Kiasaleh K. Performance of coherent DPSK free-space optical communication systems in K-distributed turbulence［J］. IEEE Transactions on Communications, 2006, 54 (4): 604–607.

［38］ Yang F, Cheng J. Coherent Free-Space Optical Communications in Lognormal-Rician Turbulence ［J］. IEEE Communications Letters, 2012, 16 (11): 1872–1875.

［39］ Churnside J H, Clifford S F. Log-normal Rician probability-density function of optical scintillations in the turbulent atmosphere ［J］. Journal of the Optical Society of America A, 1987, 4 (10): 1923–1930.

［40］ Andrews L C, Phillips R L. I-K distribution as a universal propagation model of laser beams in atmospheric turbulence ［J］. Journal of The Optical Society of America A-optics Image Science and Vision, 1985, 2 (2): 160–163.

［41］ Peppas K P, Stassinakis A N, Topalis G K, et al. Average capacity of optical wireless communication systems over I-K atmospheric turbulence channels ［J］. Journal of Optical Communications and Networking, 2012, 4 (12): 1026–1032.

［42］ Nistazakis H E, Karagianni E A, Tsigopoulos A D, et al. Average Capacity of Optical Wireless Communication Systems Over Atmospheric Turbulence Channels ［J］. Journal of Lightwave Technology, 2009, 27 (8): 974–979.

［43］ Nistazakis H E, Tsiftsis T A, Tombras G S. Performance analysis of free-space optical communication systems over atmospheric turbulence channels ［J］. IET Communications, 2009, 3 (8): 1402–1409.

［44］ Ansari I S, Yilmaz F, Alouini M-S. Performance analysis of FSO links over unified Gamma-Gamma turbulence channels ［C］. 81st IEEE Vehicular Technology Conference, 11-14 May, 2015: 1–5.

[45] Andrews L C, Phillips R L, Hopen C Y, et al. Theory of optical scintillation [J]. Journal of The Optical Society of America A-optics Image Science and Vision, 1999, 16 (6): 1417–1429.

[46] Jurado-Navas A, Garrido-Balsells J M, Paris J F, et al. A unifying statistical model for atmospheric optical scintillation [J]. Numerical simulations of physical and engineering processes, 2011: 181–206.

[47] Kashani M A, Uysal M, Kavehrad M. A Novel Statistical Channel Model for Turbulence-Induced Fading in Free-Space Optical Systems [J]. Journal of Lightwave Technology, 2015, 33 (11): 2303–2312.

[48] Barrios R, Dios F. Exponentiated Weibull distribution family under aperture averaging for Gaussian beam waves [J]. Optics express, 2012, 20 (12): 13055–13064.

[49] Barrios R, Dios F. Exponentiated Weibull model for the irradiance probability density function of a laser beam propagating through atmospheric turbulence [J]. Optics & Laser Technology, 2013, 45: 13–20.

[50] Du W, Zhu H, Liu D, et al. Effect of non-Kolmogorov turbulence on beam spreading in satellite laser communication [J]. Journal of Russian Laser Research, 2012, 33 (5): 456–463.

[51] Du W, Yao Z, Liu D, et al. Influence of non-kolmogorov turbulence on intensity fluctuations in laser satellite communication [J]. Journal of Russian Laser Research, 2012, 33 (1): 90–97.

[52] Du W, Chen F, Yao Z, et al. Influence of Non-Kolmogorov

Turbulence on Bit-Error Rates in Laser Satellite Communications［J］. Journal of Russian Laser Research, 2013, 34 (4): 351–355.

［53］Wang Y, Zhang A, Ma J, et al. Effect of non-Kolmogorov turbulence on BER performance in uplink ground-to-satellite laser communication［J］. Optics Communications, 2016, 380: 134–139.

［54］Uysal M, Capsoni C, Ghassemlooy Z, et al. Optical wireless communications 2016: an emerging technology［M］. Springer, 2016.

［55］李菲.晴空大气湍流对自由空间光通信影响及校正研究［D］.合肥：中国科学技术大学，2013.

［56］柯熙政，殷致云.无线激光通信系统中的编码理论［M］.北京：科学出版社，2009.

［57］钱锋.星地量子通信高精度ATP系统研究［D］.上海：中国科学院研究生院（上海技术物理研究所），2014.

［58］江常杯.卫星光通信系统捕获对准跟踪技术研究［D］.杭州：浙江大学，2007.

［59］Wasiczko L M, Smolyaninov I I, Davis C C. Analysis of compound parabolic concentrators and aperture averaging to mitigate fading on free-space optical links［C］. Free-Space Laser Communication and Active Laser Illumination III, 4-6 August, 2003: 133–142.

［60］Yuksel H, Davis C C. Aperture averaging analysis and aperture shape invariance of received scintillation in free space optical communication links［C］. Free-Space Laser Communications VI, 15–17August, 2006: SPIE, 63041E.

［61］Ibrahim M M, Ibrahim A M. Performance analysis of optical receivers with space diversity reception [J]. IEE Proceedings-Communications, 1996, 143 (6): 369–372.

[62] Kim I, Hakakha H, Adhikari P, et al. Scintillation reduction using multiple transmitters [M]. SPIE, 1997.

[63] Ghassemlooy Z, Popoola W O, Rajbhandari S. Optical wireless communications: system and channel modelling with MATLAB® [M]. CRC Press, 2012.

[64] Majumdar A K, Fortescue G H. Wide-beam atmospheric optical communication for aircraft application using semiconductor diodes [J]. Applied Optics, 1983, 22 (16): 2495–2504.

[65] Navidpour S M, Uysal M, Kavehrad M. BER performance of free-space optical transmission with spatial diversity [J]. IEEE Transactions on Wireless Communications, 2007, 6 (8): 2813–2819.

[66] Tsiftsis T A, Sandalidis H G, Karagiannidis G K, et al. Optical Wireless Links with Spatial Diversity over Strong Atmospheric Turbulence Channels [J]. IEEE Transactions on Wireless Communications, 2009, 8 (2): 951–957.

[67] Hajjarian Z, Kavehrad M. Using MIMO transmissions in free-space optical communications in presence of clouds and turbulence [C]. Free-Space Laser Communication Technologies XXI, 2009: 71990V.

[68] Sharma M, Chadha D, Chandra V. Performance analysis of MIMO - OFDM free space optical communication system with low-density parity-check code [J]. Photonic Network Communications, 2016, 32 (1): 104–114.

[69] Trisno S, Smolyaninov I I, Milner S D, et al. Characterization of time delayed diversity to mitigate fading in atmospheric turbulence channels [C] . Free-Space Laser Communications V, July 31, 2005-August 2, 2005, 2005: 1–10.

[70] Majumdar A K. Advanced Free Space Optics (FSO): A Systems Approach [M] . Springer, 2014.

[71] Davies J, Nener B, Grant K, et al. Numerical experiments in atmospheric scintillation correlation for applications in dual channel optical communications [M] . SPIE, 2005.

[72] Harris A, Sluss J, Refai H, et al. Free-space optical wavelength diversity scheme for fog mitigation in a ground-to-unmanned-aerial-vehicle communications link [J] . Optical Engineering, 2006, 45 (8): 086001.

[73] Giggenbach D, Wilkerson B, Henniger H, et al. Wavelength-diversity transmission for fading mitigation in the atmospheric optical communication channel [M] . SPIE, 2006.

[74] Kshatriya A J, Acharya Y B, Aggarwal A K, et al. Communication performance of free space optical link using wavelength diversity in strong atmospheric turbulence [J] . Journal of Optics, 2015, 44 (3): 215–219.

[75] Arnon S, Barry J, Karagiannidis G, et al. Advanced optical wireless communication systems [M] . Cambridge University Press, 2012.

[76] Alliss R J, Felton B. The mitigation of cloud impacts on free-space optical communications [C] . Atmospheric Propagation IX, 2012:

83800S.

［77］ Capsoni C, Luini L, Nebuloni R. Site diversity: A promising technique to counteract cloud attenuation on Earth-space optical links ［C］. 2012 International Workshop on Optical Wireless Communications (IWOW), 2012: 1–3.

［78］Petkovic M I, Dordevic G T, Milic D N. BER Performance of IM/DD FSO System with OOK using APD Receiver ［J］. Radioengineering, 2014, 23 (1): 480–487.

［79］柯熙政，邓莉君.无线光通信［M］.北京：科学出版社，2016.

［80］杨鹏.大气激光通信中圆偏振调制技术研究［D］.长春：中国科学院研究生院（长春光学精密机械与物理研究所），2012.

［81］邵军虎，柯熙政，陈强.一种适用于大气弱湍流信道的极化纠错编码调制方案［J］.电子学报，2016，44（8）：1831–1836.

［82］柯熙政，谌娟，邓莉君.无线光MIMO系统中的空时编码理论［M］.北京：科学出版社，2014.

［83］柯熙政，谌娟，陈丹.无线光通信中的空时编码研究进展（四）［J］.红外与激光工程，2013，42（10）：2765–2771.

［84］Stotts L B, Andrews L C, Cherry P C, et al. Hybrid optical RF airborne communications ［J］. Proceedings of the IEEE, 2009, 97 (6): 1109–1127.

［85］Samimi H, Uysal M. End-to-end performance of mixed RF/FSO transmission systems ［J］. Journal of Optical Communications and Networking, 2013, 5 (11): 1139–1144.

［86］Pattanayak D R, Rai S, Dwivedi V K, et al. A statistical channel model for a decode-and-forward based dual hop mixed RF/FSO relay network［J］. Optical and Quantum Electronics, 2018, 50 (6).

［87］Kollarova V, Medrik T, Celechovsky R, et al. Application of nondiffracting beams to wireless optical communications［M］. SPIE, 2007.

［88］程振，楚兴春，赵尚弘，等.艾里涡旋光束在大气湍流中的漂移特性研究［J］.中国激光，2015（12）：285–289.

［89］Drexler K, Roggemann M, Voelz D. Use of a partially coherent transmitter beam to improve the statistics of received power in a free-space optical communication system: theory and experimental results［J］. Optical Engineering, 2011, 50 (2): 025002.

［90］Eyyuboğlu H T, Arpali Ç, Baykal Y. Flat topped beams and their characteristics in turbulent media［J］. Optics Express, 2006, 14 (10): 4196–4207.

［91］Eyyuboğlu H T, Baykal Y, Sermutlu E, et al. Scintillation index of modified Bessel-Gaussian beams propagating in turbulent media［J］. Journal of the Optical Society of America A, 2009, 26 (2): 387–394.

［92］Selvi M, Murugesan K. Study of Link Availability and Data Rate Analysis in FSO-OFDM System［C］. Proceedings of 2nd IRF International Conference, 2014, Chennai India: 37–44.

［93］邹丽，赵生妹，王乐.大气湍流对轨道角动量态复用系统通信性能的影响［J］.光子学报，2014（9）：58–63.

［94］Langaroodi M H. Design and performance of a 1550nm free space optical communications link［D］. California State University, Northridge, 2013.

［95］柯熙政，席晓莉.无线激光通信概论［M］.北京：北京邮电大学出版社，2004.

［96］Farid A A, Hranilovic S. Outage capacity optimization for free-space optical links with pointing errors［J］. Journal of Lightwave Technology, 2007, 25 (7): 1702–1710.

［97］于林韬，宋路，韩成，等.空地激光通信链路功率与通信性能分析与仿真［J］.光子学报，2013，42（5）：543–547.

［98］范新坤，张磊，佟首峰，等.天空背景光对空间激光通信系统的影响［J］.激光与光电子学进展，2017，54（7）：102–110.

［99］Andrews L C, Phillips R L. Laser beam propagation through random media［M］. SPIE, 2005.

［100］韩立强.大气湍流下空间光通信的性能及补偿方法研究［D］.哈尔滨：哈尔滨工业大学，2013.

［101］饶瑞中.现代大气光学［M］.北京：科学出版社，2012.

［102］Uysal M, Jing L, Meng Y. Error rate performance analysis of coded free-space optical links over gamma-gamma atmospheric turbulence channels［J］. IEEE Transactions on Wireless Communications, 2006, 5 (6): 1229–1233.

［103］Touati A, Abdaoui A, Touati F, et al. On the Effects of Combined Atmospheric Fading and Misalignment on the Hybrid FSO/RF Transmission［J］. Journal of Optical Communications and Networking, 2016, 8 (10): 715–725.

［104］Jurado-Navas A, Garrido-Balsells J M, Paris J F, et al. Impact of pointing errors on the performance of generalized atmospheric optical channels［J］. Optics express,2012, 20 (11): 12550–12562.

[105] Hu J, Zhang Z, Dang J, et al. Performance of Decode-and-Forward Relaying in Mixed Beaulieu-Xie and M Dual-Hop Transmission Systems With Digital Coherent Detection [J]. IEEE Access, 2019, 7: 138757–138770.

[106] López-González F J, Garrido-Balsells J M, Jurado-Navas A, et al. Performance Evaluation of Atmospheric Optical Communications Links Affected by Generalized Málaga Turbulence Model [J]. Wireless Personal Communications, 2016, 95 (2): 557–567.

[107] Majumdar A K. Free-space laser communication performance in the atmospheric channel [J]. Journal of Optical and Fiber Communications Reports, 2005, 2 (4): 345–396.

[108] Boluda-Ruiz R, Garcia-Zambrana A, Castillo-Vazquez C, et al. Novel approximation of misalignment fading modeled by Beckmann distribution on free-space optical links [J]. Optics Express, 2016, 24 (20): 22635–22649.

[109] Zabidi S A, Al Khateeb W, Islam M R, et al. The effect of weather on free space optics communication (FSO) under tropical weather conditions and a proposed setup for measurement [C]. International Conference on Computer and Communication Engineering (ICCCE'10), 2010: 1–5.

[110] Chaudhary S, Amphawan A. The Role and Challenges of Free-space Optical Systems [J]. Journal of Optical Communications, 2014, 35 (4): 1–8.

[111] Rashed A N Z, El-Halawany M M. Transmission

characteristics evaluation under bad weather conditions in optical wireless links with different optical transmission windows [J]. Wireless personal communications, 2013, 71 (2): 1577–1595.

[112] Abushagur A A G, Abbou F M, Abdullah M, et al. Performance analysis of a free-space terrestrial optical system in the presence of absorption, scattering, and pointing error [J]. Optical Engineering, 2011, 50 (7): 075007.1–075007.6.

[113] Viswanath A, Jain V K, Kar S. Analysis of earth- to- satellite free- space optical link performance in the presence of turbulence, beam-wander induced pointing error and weather conditions for different intensity modulation schemes [J]. IET Communications, 2015, 9 (18): 2253–2258.

[114] Ghoname S, Fayed H A, El Aziz A A, et al. Performance analysis of FSO communication system: Effects of fog, rain and humidity [C]. 2016 Sixth International Conference on Digital Information Processing and Communications (ICDIPC), 2016: 151–155.

[115] Ali M. Performance analysis of fog effect on free space optical communication system [J]. IOSR Journal of Applied Physics, 2015, 7 (2): 16–24.

[116] Sandalidis H G, Tsiftsis T A, Karagiannidis G K, et al. BER performance of FSO links over strong atmospheric turbulence channels with pointing errors [J]. IEEE Communications Letters, 2008, 12 (1): 44–46.

[117] Liu C, Yao Y, Sun Y X, et al. Average capacity optimization in free-space optical communication system over atmospheric turbulence

channels with pointing errors [J]. Optics Letters, 2010, 35 (19): 3171–3173.

[118] Kaur P, Jain V K, Kar S. Performance of free space optical links in presence of turbulence, pointing errors and adverse weather conditions [J]. Optical and Quantum Electronics, 2015, 48 (1): 65.

[119] Ansari I S, Yilmaz F, Alouini M-S. Performance Analysis of Free-Space Optical Links Over Málaga (M) Turbulence Channels With Pointing Errors [J]. IEEE Transactions on Wireless Communications, 2016, 15 (1): 91–102.

[120] Alheadary W G, Park K-H, Alouini M-S. Bit error rate analysis of free-space optical communication over general Malaga turbulence channels with pointing error [C]. 2016 IEEE 27th Annual International Symposium on Personal, Indoor, and Mobile Radio Communications (PIMRC), 2016: 1–6.

[121] Vellakudiyan J, Ansari I S, Palliyembil V, et al. Channel capacity analysis of a mixed dual-hop radio-frequency - free space optical transmission system with Málaga distribution [J]. IET Communications, 2016, 10 (16): 2119–2124.

[122] Ansari I S, Abdallah M M, Alouini M-S, et al. Outage analysis of asymmetric RF-FSO systems [C]. 2016 IEEE 84th Vehicular Technology Conference (VTC–Fall), 2016: 1–6.

[123] Research, Inc. W. MeijerG [EB/OL]. 2012. http://functions.wolfram.com/HypergeometricFunctions/MeijerG/.

[124] 韩立强，王祁，信太克归.Gamma-Gamma大气湍流下自由空间光通信的性能[J].红外与激光工程，2011，40（7）:

1318–1322.

［125］ Barrios R, Dios F. Probability of fade and BER performance of FSO links over the exponentiated Weibull fading channel under aperture averaging ［C］. Unmanned/Unattended Sensors and Sensor Networks Ix, 2012: 85400D.

［126］ Yi X, Yao M. Free-space communications over exponentiated Weibull turbulence channels with nonzero boresight pointing errors ［J］. Opt Express, 2015, 23 (3): 2904–2917.

［127］ Cheng M, Zhang Y, Gao J, et al. Average capacity for optical wireless communication systems over exponentiated Weibull distribution non-Kolmogorov turbulent channels ［J］. Appl Opt, 2014, 53 (18): 4011–4017.

［128］ Adamchik V, Marichev O. The algorithm for calculating integrals of hypergeometric type functions and its realization in REDUCE system ［C］. Proceedings of the international symposium on Symbolic and algebraic computation, 1990: 212–224.

［129］ Andrews L C. Aperture-averaging factor for optical scintillations of plane and spherical waves in the atmosphere ［J］. Journal of the Optical Society of America a-Optics Image Science and Vision, 1992, 9 (4): 597–600.

［130］ Ricklin J C, Davidson F M. Atmospheric optical communication with a Gaussian Schell beam ［J］. Journal of the Optical Society of America A: Optics and Image Science, and Vision, 2003, 20 (5): 856–866.

［131］ Lee I E, Ghassemlooy Z, Ng W P, et al. Effects of aperture averaging and beam width on a partially coherent Gaussian beam over free-space optical links with turbulence and pointing errors [J]. Applied Optics, 2016, 55 (1): 1–9.

[132] 吴君鹏，刘泉，于林韬.Gamma-Gamma大气湍流中部分相干光通信系统性能研究 [J].红外与激光工程，2017 (3): 145–151.

[133] Usman M, Yang H-C, Alouini M-S. Practical switching-based hybrid FSO/RF transmission and its performance analysis [J]. IEEE Photonics Journal, 2014, 6 (5): 7902713.

[134] Shakir W M R. On performance analysis of hybrid FSO/RF systems [J]. IET Communications, 2019, 13 (11): 1677–1684.

[135] Odeyemi K O, Owolawi P A. Selection combining hybrid FSO/RF systems over generalized induced-fading channels [J]. Optics Communications, 2019, 433: 159–167.

[136] Chatzidiamantis N D, Karagiannidis G K, Kriezis E E, et al. Diversity combining in hybrid RF/FSO systems with PSK modulation [C]. International Conference on Communications (ICC2011), 2011: 1–6.

[137] Song X G, Yang F, Cheng J L. Subcarrier Intensity Modulated Optical Wireless Communications in Atmospheric Turbulence With Pointing Errors [J]. Journal of Optical Communications and Networking, 2013, 5 (4): 349–358.

[138] Shakir W M R. Performance Analysis of the Hybrid MMW RF/FSO Transmission System [J]. Wireless Personal Communications, 2019, 109 (4): 2199–2211.

［139］ Alathwary W A, Altubaishi E S. On the Performance Analysis of Decode-and-Forward Multi-Hop Hybrid FSO/RF Systems With Hard-Switching Configuration ［J］. IEEE Photonics Journal, 2019, 11 (6): 1–12.

［140］ Shakir W M R. Performance Evaluation of a Selection Combining Scheme for the Hybrid FSO/RF System ［J］. IEEE Photonics Journal, 2018, 10 (1): 7901110.

［141］ Sharma B, Abiodun R. Generating function for generalized function of two variables ［C］. Proceedings of the American Mathematical Society, 1974: 69–72.

［142］ Ansari I S, Al-Ahmadi S, Yilmaz F, et al. A new formula for the BER of binary modulations with dual-branch selection over generalized-K composite fading channels ［J］. IEEE Transactions on Communications, 2011, 59 (10): 2654–2658.

［143］ Gradshteyn I, Ryzhik I. Table of integrals, series, and products 8th edn ［M］. Academic Press, 2014.

［144］ Castillo-Vazquez C, Boluda-Ruiz R, Castillo-Vazquez B, et al. Outage performance of DF relay-assisted FSO communications using time diversity ［C］. 2015 IEEE Photonics Conference (IPC), 2015: 423–6.

［145］ Zhao J, Zhao S H, Zhao W H, et al. Performance analysis for mixed FSO/RF Nakagami-m and Exponentiated Weibull dual-hop airborne system ［J］. Optics Communications, 2017, 392: 294–299.

［146］ Davis P J, Rabinowitz P. Methods of numerical integration ［M］. Academic Press, 1984.

[147] Holoborodko P. Abscissas and Weights of Classical Gaussian Quadrature Rules [EB/OL] . 2012.https://www.advanpix.com/2012/05/30/abscissas-and-weights-classical-gaussian-quadrature-rules/.

[148] Advanpix L. Multiprecision computing toolbox for MATLAB [CP] .Yokohama, Japan, 2020. https://www.advanpix.com/.

[149] Concus P, Cassatt D, Jaehnig G, et al. Tables for the evaluation of $\int_0^\infty x^\beta e^{-x} f(x)dx$ by Gauss-Laguerre quadrature [J] . Mathematics of Computation, 1963, 17 (83): 245–256.